吉林西部玉米膜下滴灌技术与设备研究

尚学灵　刘慧涛　曹文龙　司昌亮 等　著

中国水利水电出版社
www.waterpub.com.cn
·北京·

内 容 提 要

本书围绕吉林省西部玉米膜下滴灌技术与设备问题，探索总结高效灌溉制度、水肥一体化、农艺关键技术、全程机械化设备、监测评价体系等研究成果，提出适宜推广的技术集成模式。包含 6 篇共 19 章。第一篇对现有的技术模式进行了优化筛选；第二篇对膜下滴灌条件下玉米高效灌溉制度、多元肥料效应函数模型、水肥一体化进行试验总结；第三篇通过开展高水分利用效率玉米品种筛选、水肥高效型深松蓄水、土壤培肥、降解地膜研制、地膜覆盖保墒抑盐、保水剂应用的试验，系统提炼了玉米节水配套农艺关键技术；第四篇对膜下滴灌玉米全程机械化设备中的耕整联合作业机、膜上播种一体机、残膜回收机提出了相应的技术指标与设备参数，完成了设备现场测试；第五篇对土壤墒情监测与灌水预报、玉米膜下滴灌技术监测与评价体系进行了研究，构建了质量评价指标体系，提出了评价方法并进行了验证；第六篇总结提出了适宜吉林西部推广的两套技术模式。

本书可供从事农田灌溉、水肥管理、农业机械等专业研究与推广的技术人员阅读参考。

图书在版编目（CIP）数据

吉林西部玉米膜下滴灌技术与设备研究 / 尚学灵等
著. -- 北京 : 中国水利水电出版社，2021.12
ISBN 978-7-5226-0395-7

Ⅰ．①吉… Ⅱ．①尚… Ⅲ．①玉米－地膜栽培－滴灌
－研究－吉林 Ⅳ．①S513.071

中国版本图书馆CIP数据核字(2022)第007439号

书　　名	**吉林西部玉米膜下滴灌技术与设备研究** JILIN XIBU YUMI MO XIA DIGUAN JISHU YU SHEBEI YANJIU
作　　者	尚学灵　刘慧涛　曹文龙　司昌亮　等 著
出版发行	中国水利水电出版社 （北京市海淀区玉渊潭南路 1 号 D 座　100038） 网址：www.waterpub.com.cn E-mail：sales@waterpub.com.cn 电话：（010）68367658（营销中心）
经　　售	北京科水图书销售中心（零售） 电话：（010）88383994、63202643、68545874 全国各地新华书店和相关出版物销售网点
排　　版	中国水利水电出版社微机排版中心
印　　刷	清淞永业（天津）印刷有限公司
规　　格	184mm×260mm　16 开本　11.75 印张　286 千字
版　　次	2021 年 12 月第 1 版　2021 年 12 月第 1 次印刷
印　　数	001—600 册
定　　价	**88.00 元**

粮食安全、水资源安全始终是党中央、国务院高度重视的战略问题，也是推动农村经济发展和农民增收的重点工作。

为保障国家粮食安全，党中央、国务院于 2012—2015 年的四年间在最具粮食增产潜力的黑龙江省、吉林省、辽宁省、内蒙古自治区（以下简称东北四省区）开展了"节水增粮行动"，共计实施高效节水灌溉面积 3800 万亩，其中黑龙江省 1500 万亩，吉林省 900 万亩，辽宁省 600 万亩，内蒙古自治区 800 万亩。吉林省作为全国的粮食主产区和重要商品粮基地，其商品粮占全国的 10% 以上，但是吉林省属于半湿润半干旱地区，粮食生产受降水的影响较大，特别是吉林省西部平原区的白城、松原地区以及长春和四平地区的北部，以种植玉米为主，粮食产量低且不稳，是吉林省中低产田集中分布地区。抑制粮食生产的主要因素是干旱，干旱指数 1.0~2.6，亩均水资源占有量仅为 145m³。在实施东北四省区"节水增粮行动"中，吉林省的实施方案是：2012—2015 年实施 900 万亩的高效节水灌溉工程，一是对现有灌溉设施的耕地实施节水改造，二是对无灌溉设施的耕地进行节水项目建设。

在此背景下，由中国水利水电科学研究院牵头，联合东北四省区省级水利科学研究院开展科技攻关，确立开展"东北四省区节水增粮高效灌溉技术研究与规模化示范"项目的研究工作，2012 年项目入库，2014 年列入国家科技支撑计划并启动，项目编号为 2014BAD12B00。吉林省水利科学研究院联合吉林省农业科学院、吉林省农业机械研究院共同承担了课题"吉林西部节水增粮高效灌溉技术集成研究与规模化示范"（2014BAD12B02）的研究工作。

自 2014 年起，重点开展了现有技术模式的筛选集成与示范、膜下滴灌条件下的玉米高效灌溉制度研究与示范、玉米节水配套农艺关键技术研究与示范、膜下滴灌玉米全程机械化设备研究与示范、玉米膜下滴灌技术监测与评价体系研究，建设万亩核心示范区与百万亩辐射推广区，构建以膜下滴灌技术为核心、农艺与农机有机结合的节水增粮高效灌溉技术模式，为吉林省西部有限水资源的可持续利用提供技术支撑，带动区域玉米生产水平快速提高，实现吉林省节水增粮行动的工作目标。

课题组选定的核心示范区位于吉林省通榆县瞻榆镇向阳村，属于吉林省西部 15 个易旱区即吉林省节水增粮行动建设区的中心位置，距离通榆县城 65km，长白公路 60km，通榆县瞻榆镇向阳村规划建设玉米膜下滴灌 10388 亩，共计利用原有井 58 眼。从 2013 年开始，课题组对每眼井进行了定位测量并重新编号，以村为中心，完成 1:5000 示范区平面布置图，标明单井控制面积、垄向、地块形状、机井承包人等技术参数及信息。2013 年春季完成 51 眼井膜下滴灌的建设任务，控制面积 9129 亩，其中输水干支管全部地面铺设的 2 眼，控制面积 352 亩；输水干管地埋支管地面布设的 7 眼，控制面积 1090 亩；输水干支管全部地埋的 42 眼，控制面积 7687 亩。2013 年秋季完成 5 眼，控制面积 995 亩。上述示范区的建立为课题研究的顺利开展奠定了坚实的基础。

本书按章节分工执笔撰写，由尚学灵、刘慧涛、曹文龙、司昌亮组织编写，于海荣、王旭立、付鹍、张蔚、周璐、张生武、康健、叶楠、茹世荣、陈永明、高玉山、袭祝香、孙云云、刘方明、窦金刚、侯中华、王浩宇、许光明、于振华、牛云鹏、李娜、陈杰参与了相关的编写工作。尚学灵负责审定通稿。国家科技支撑计划项目的持续支持为研究工作的开展提供了经费保障，研究过程中得到了中国水利水电科学研究院研究员许迪、龚时宏的支持与帮助，在此表示衷心的感谢！

在本书的撰写过程中，力求数据准确可靠、分析全面透彻、论证科学合理、观点客观明确，既考虑全书的逻辑性和系统性，又兼顾各章的相对独立性和完整性，以方便读者阅读。尽管做了最大努力，但是由于著者水平所限，书中仍然可能存在疏忽和不当之处，敬请读者不吝赐教，批评指正。

作者

2021 年 3 月

著者名单

第一篇：尚学灵　司昌亮　于海荣　王旭立　付　鹍　张　蔚

第二篇：司昌亮　尚学灵　张生武　王旭立　康　健　周　璐

第三篇：高玉山　刘慧涛　袭祝香　孙云云　刘方明　窦金刚　侯中华

第四篇：曹文龙　王浩宇　许光明　于振华　牛云鹏　李　娜　陈　杰

第五篇：叶　楠　高玉山　陈永明　尚学灵　刘慧涛　司昌亮　茹世荣

第六篇：尚学灵　刘慧涛　曹文龙　司昌亮

目录

第四篇　膜下滴灌玉米全程机械化设备

第五篇　监测、预报及评价体系

第六篇　技 术 模 式 集 成

第一篇
现有技术模式的筛选

第1章 玉米膜下滴灌不同区域 发展模式分析

根据吉林省西部自然条件，通过对已建工程的运行监测和对比数据的分析，提出适宜不同区域的玉米膜下滴灌发展模式。

1.1 吉林省西部概况

吉林省西部地区属于半干旱区，地处松嫩平原的西端，科尔沁大草原的东部，处于我国北方生态环境脆弱带，是吉林省农业生态环境破坏最严重的地区。总土地面积为 7.36 万 km^2，其中，耕地面积为 4868.83 万亩，占全省耕地总面积的 66.70%，土壤类型以黑钙土、盐碱土、草甸土等为主。多年平均水资源量为 72.98 亿 m^3，其中地表水资源量为 24.86 亿 m^3，地下水资源总量为 57.52 亿 m^3，重复计算量 9.4 亿 m^3；地下水现状可开采量为 42.76 亿 m^3，已开采量为 37.8 亿 m^3。平均年降水量为 383.20mm，多年平均蒸发量为 1100mm，光热资源丰富，无霜期年平均 140d。受地理位置、地形和地势的影响，降水量时空分布不均，多表现为春季多风、干旱少雨，夏季炎热、多雨，秋季少雨，秋吊现象时有发生。

吉林西部地区包括洮南市、通榆县、镇赉县、大安市、洮北区、前郭县、乾安县、宁江区、扶余县、长岭县、梨树县、公主岭市、双辽市、农安县等 15 个易旱县（市、区）。

1.2 不同区域模式调查

根据吉林省 1956—2000 年平均降水量等值线图对吉林省西部 15 个易旱县（市、区）进行区域划分，其中第一区域降水量在 400mm 以下，包括洮北区、镇赉县东北部；第二区域降水量为 400mm 左右，包括洮南市、通榆县、大安市、乾安县西北部及镇赉县部分地区；第三区域降水量为 400～420mm，包括前郭县、宁江区、扶余县、长岭县、梨树县西北部、公主岭市西北部、双辽市、乾安县东南部及农安县东北部地区。

对三个区域内已建膜下滴灌工程进行调查统计（见表 1-1）。

经调查发现，吉林省内现有膜下滴灌工程规划设计与施工安装标准统一。故提出的不同区域的玉米膜下滴灌发展模式大致相同，即单井控制面积不小于 105 亩，大垄双行，管道布置方式为干管、支管、辅管、毛管，干支管道浅埋，滴灌带（2.1L/h，滴头间距 30cm）适宜铺设长度 60m。

表 1－1 　　　　　　　　　　　不同区域膜下滴灌技术调查表

序号	降水量	区域划分	灌溉定额 /（m³/亩）	单井控制面积 /亩	管道布设方式	地埋管道	地埋深度 /m	滴灌带长度 /m
1	400mm 以下	第一区域	64	136	干管、支管、辅管、毛管	干管、支管	0.8	60
2			64	205	干管、支管、辅管、毛管	干管、支管	0.8	58.5
3	400mm	第二区域	64	182	干管、支管、辅管、毛管	干管、支管	0.8	50
4			64	161	干管、支管、辅管、毛管	干管、支管	0.8	55
5			64	182	干管、支管、辅管、毛管	干管、支管	0.8	66.5
6			64	205	干管、支管、辅管、毛管	干管、支管	0.8	65
7			64	205	干管、支管、辅管、毛管	干管、支管	0.8	58.5
8	400～ 420mm	第三区域	64	136	干管、支管、辅管、毛管	干管、支管	0.8	60
9			64	205	干管、支管、辅管、毛管	干管、支管	0.8	58
10			61	161	干管、支管、辅管、毛管	干管、支管	0.8	55
11			61	115	干管、支管、辅管、毛管	干管、支管	0.8	65
12			50	136	干管、支管、辅管、毛管	干管、支管	0.8	60
13			50	105	干管、支管、辅管、毛管	干管、支管	0.8	60
14			61	119	干管、支管、辅管、毛管	干管、支管	0.8	59
15			64	136	干管、支管、辅管、毛管	干管、支管	0.8	65
16			50	115	干管、支管、辅管、毛管	干管、支管	0.8	65

第 2 章　适宜管材与设备筛选

2.1　概述

自"节水增粮行动"开展以来，吉林省在洮南市、乾安县、通榆县等地开展了以大垄双行玉米膜下滴灌技术为主推模式的高效节水试点工作，取得了较好的经济效益和一定的技术经验。但是在规划设计、管材选取、设备配套选型等过程中还存在一定的技术问题。

针对以上问题，本章节开展滴灌带滴头流量偏差率、工作水头偏差率、灌水均匀系数、输水管路及连接设备性能、使用寿命、施肥罐的工作效能、过滤器效力等多指标的综合对比，筛选适宜的管材、设备、方案，确定适宜布置方案；制定吉林省西部玉米膜下滴灌工程建设技术规程，规范玉米膜下滴灌工程设计、施工安装、运行管护；以期为膜下滴灌技术的大面积推广提供科学依据。

2.2　不同滴灌带性能对比评价

对进入吉林省玉米膜下滴灌工程的单翼迷宫式、内镶贴片式、内镶圆柱补偿式等 3 种滴灌带，从流态指数、滴头流量偏差率、工作水头偏差率、灌水均匀系数等指标进行综合评价。

由表 2-1 可知，种类 3 的单价最高，分别为种类 1 的 2.73 倍、种类 2 的 1.78 倍。

表 2-1　　　　　　　　三种滴灌带多指标调查汇总表

指　标	种类 1	种类 2	种类 3
	单翼迷宫式	内镶贴片式	内镶圆柱补偿式
工　艺	采用聚乙烯树脂的乙烯、丙烯共聚物，为主材料黑色母粒加工成型		
内径/mm	16	16	16
壁厚/mm	0.18	0.2	0.6
滴头间距/cm	30	30	30
工作流量/（L/h）	2.1	2.0	1.9
工作压力/m	5～10	5～15	7～20
平地最大铺设长度/m	94	80	73

指　标	种类 1	种类2	种类3
	单翼迷宫式	内镶贴片式	内镶圆柱补偿式
使用时间/月	5	5	5
单价/（元/m）	0.15	0.23	0.41

2.2.1　灌水器水力特性

经实验室对三种滴灌带进行水力性能测试，测得水力特征曲线如图 2-1 所示。

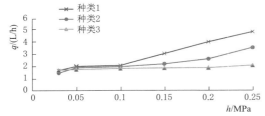

图 2-1　三种滴灌带滴头流量－压力关系曲线

通过测试 0.03～0.25MPa 不同压力下三种滴灌带的流量数据，采用指数模型（$q=Kh^x$）对三种滴灌带的滴头流量与压力关系进行回归分析，得到三种滴灌带的滴头流量－压力函数如下：

种类 1：$q=8.2896h^{0.4839}$，$R^2=0.8783$；

种类 2：$q=4.7874h^{0.3405}$，$R^2=0.8495$；

种类 3：$q=2.2069h^{0.0762}$，$R^2=0.8181$。

由图 2-1 可知，三种滴灌带的滴头流量与压力呈正相关。种类 1 与种类 2 均为非压力补偿式，在整个测试压力范围内，流量随工作水头的增大而显著增大，滴灌带最优工作水头均为 10m，水力特征曲线平滑，流态指数均小于 0.5，说明两种滴灌带的水力性能较好，且种类 2 优于种类 1；种类 3 为压力补偿式，在整个测试压力范围内，流量虽随工作水头的增大而增大，但是增幅较小，滴灌带最优工作水头为 10～15m，水力特征曲线趋近于水平线，流态指数仅为 0.0762，趋近于 0，说明种类 3 的水力性能最佳。

2.2.2　流量偏差率与灌水均匀系数

从数学角度分析，流量偏差越小，灌溉均匀系数越高。灌水均匀系数 C_u 虽可对滴头流量大小进行定量评价，但是计算烦琐，在滴管设计中也常用滴头流量偏差率 q_v 表示，即最大滴头流量和最小滴头流量之差与滴头平均流量的比值。其公式见式（2-1）：

$$q_v = \frac{q_{max} - q_{min}}{q_d} \tag{2-1}$$

式中　q_v——灌水器流量偏差率，%；

　　q_{max}——灌水器最大流量，L/h；

　　q_{min}——灌水器最小流量，L/h；

　　q_d——灌水器设计流量，L/h。

取三种滴灌带 60m，在 0.10MPa 压力下进行流量测定，测定结果见表 2-2。

表 2 - 2　　　　　　　　　　三种滴灌带流量偏差率计算表

指　　标	种类 1	种类 2	种类 3
10m	2.05	1.97	1.89
20m	1.87	1.90	1.90
30m	2.07	2.00	1.88
40m	1.95	1.95	1.89
50m	1.96	1.85	1.90
60m	1.83	1.95	1.87
设计流量/（L/h）	2.10	2.00	1.90
最大值/（L/h）	2.07	2.00	1.90
最小值/（L/h）	1.83	1.85	1.87
流量偏差率/%	11.43	7.50	1.58

同时，运用克里斯琴森公式计算灌水均匀系数，计算结果见表 2 - 3。

$$C_u = 1 - \frac{\overline{\Delta q}}{\overline{q}} \qquad (2-2)$$

式中　C_u——灌水均匀系数；

$\overline{q}$——滴头平均流量，L/h；

$\overline{\Delta q}$——每个滴头的流量与平均流量之差的绝对值的平均值，L/h。

表 2 - 3　　　　　　　　　三种滴灌带灌水均匀系数计算表

指　　标	种类 1	种类 2	种类 3
$\overline{\Delta q}$	0.07	0.04	0.01
平均 $\overline{q}$	1.96	1.94	1.89
灌水均匀系数	0.9633	0.9788	0.9953

由表 2 - 3 可知，种类 3 流量偏差率最小，灌水均匀系数最高。

2.2.3　水头偏差率

建立流量偏差率与水头偏差率之间的关系式，则水头偏差率可用式（2-3）计算，计算结果见表 2 - 4。

$$h_v = \frac{1}{x} q_v \left[1 + 0.15 \frac{1-x}{x} q_v \right] \qquad (2-3)$$

式中　h_v——水头偏差率，%；

x——灌水器的流量指数；

q_v——允许滴头流量偏差率。

表 2-4　　　　　　　　　　三种滴灌带水头偏差计算表

指标	种类 1	种类 2	种类 3
水头偏差/m	0.24	0.23	0.21

由表 2-4 可知，三种滴灌带间水头偏差由大到小依次为种类 1＞种类 2＞种类 3。

综上所述，三种滴灌带在力学性能方面虽存在较为明显的差异，但是在灌水均匀系数、水头偏差等方面差异性不显著。

故从实际角度出发，综合考虑滴灌带性能、农民使用习惯及可接受价格，在不影响膜下滴灌工程效果的基础上，玉米膜下滴灌工程推荐使用单翼迷宫式滴灌带。

2.3　不同地埋输水管道比选

对节水灌溉工程中应用的 PE100 级和 PVC 两种管材的性能、爆破压力、冻胀变形、接口可靠性、环保性、使用寿命、价格等指标进行综合评价分析（见表 2-5）。

表 2-5　　　　　　　　　　两种管材多指标调查汇总表

种类指标	地埋输水管道	
	PE100 级	PVC
规格	90	90
工艺	采用低密度聚乙烯树脂加入炭黑经挤出加工成型的	聚氯乙烯
性能	无毒无嗅，耐酸碱腐蚀，流体阻力小，安装方便	
壁厚	6.6	4.3
工作压力/MPa	1	
爆破压力/MPa	≥5	
冻胀变形	耐低温性良好	
接口可靠性	可靠	
抗震性地基沉陷能力	强	
环保性	环保、无污染	
就地可加工性	可在现场生产	
连接方式	热熔	胶黏
连接设备磨损率/%	≤5	
使用寿命	≥50	30~50
价格/元	19.80	20.00

在实验室环境下，通过冻融试验对两种管材的壁厚、外径指标进行监测，经 28 次冻融循环后测得数据见表 2-6。

表 2 - 6　　　　　　　　　　　　28 次冻融循环管材监测表

管材	壁厚/mm			外径/mm		
	冻融前	冻融后	差值	冻融前	冻融后	差值
PE100 级	5.43	5.38	0.05	91.58	91.15	0.43
	5.55	5.58	−0.03	91.34	91.55	−0.21
	5.24	5.28	−0.04	91.37	91.47	−0.10
PVC	4.58	4.46	0.12	91.48	91.29	0.19
	4.42	4.39	0.03	91.38	91.46	−0.09
	4.45	4.38	0.07	91.53	91.51	0.02

由表 2 - 6 可知，PE100 级管道外径变化幅度较大，但是壁厚变化幅度较小，在 −0.03～0.05mm。

经分析可知，两种管材在性能及价格方面大致相同，但是 PE100 级管材理论使用寿命更长久，且在 28 次冻融循环后壁厚变化幅度较小，更能保证膜下滴灌工程的运行安全。

2.4　适宜过滤器与施肥罐选择

吉林省玉米膜下滴灌工程过滤器与施肥罐为配套使用，规格多为"3 寸离心式＋双网式过滤器＋50L 钢制施肥罐"。因为对过滤器与施肥罐技术要求不高，且加工工艺简单，故对目前市场上比较常用的、符合设计标准的设备进行调查，发现：现用离心式过滤器分离 60～150 目砂石的能力达 92%～98%，网式过滤器过滤采用不锈钢滤网，精度一般在为 120～3000μm，软性杂质和纤维性杂质容易穿透，施肥罐工作压力 10bar 左右，施肥压差 1～2m，每套价格在 2000～2300 元。选择过滤器与施肥罐时宜优选信誉度高、技术成熟的厂家。

第 3 章 不同设计方案及运行
方式对比试验

3.1 试验目的

在 2014—2016 年已建工程的基础上，开展玉米膜下滴灌工程不同滴灌长度、支管地表铺设直接连接滴灌带、支管地埋另加辅管连接滴灌带、干管地埋深度等设计及运行方式对比，筛选出在吉林省西部适应性强、使用性好、推广面积大、农民接受度高的方案。

3.2 试验设计

在通榆县已开展节水增粮行动项目的瞻榆镇进行适宜设计方案对比试验。

选取地势平坦、肥力均匀的地块作为试验区，长 720m，宽 200m，潜水泵提水灌溉。管道埋深 80cm，地埋干管采用 DE110PE 硬管，地埋支管采用 DE63PE 硬管，地表支管采用 DE63PE 软管，辅管采用 DE32PE 软管，毛管采用单翼迷宫式滴灌带。PE 管材等级为 PE100 等级。在本方案中，按毛管长度分为 4 组对比单元〔8 个小区：A（1-1）、A（1-2）、A（2-1）、A（2-2）、A（3-1）、A（3-2）、A（4-1）、A（4-2）〕，依次为 120m，160m，200m，240m；其中，干管下侧（沿干管水流方向）采用支管地表铺设，直接毛管；干管上侧采用支管地埋，经出地栓后加辅管连接毛管。

3.3 试验结果分析

3.3.1 不同滴灌带长度分析

灌水均匀度是评估一个工程或一种灌水技术方法质量好坏的重要指标。通常用灌水均匀系数表示灌水均匀度，采用克里斯琴森公式计算 A（1-1）、A（2-1）、A（3-1）、A（4-1）等四个小区灌水均匀系数，如图 3-1～图 3-3 所示，见表 3-1。

表 3-1　　　　　　　　　　　　不同小区滴灌带流量监测表

项目		小 区			
		A（1-1）	A（2-1）	A（3-1）	A（4-1）
测距/m	10	2.10	2.05	2.08	2.08
	20	1.95	2.07	1.96	1.95
	30	2.05	1.86	2.01	1.80

项目		小　区			
		A（1-1）	A（2-1）	A（3-1）	A（4-1）
测距/m	40	1.87	1.98	1.98	1.95
	50	1.98	1.97	1.87	1.83
	60	1.99	1.80	1.90	1.86
	70	—	1.89	1.82	1.81
	80	—	1.90	1.84	1.92
	90	—	—	1.82	1.91
	100	—	—	1.81	1.80
	110	—	—	—	1.71
	120	—	—	—	1.82
平均		1.99	1.94	1.91	1.87
灌水均匀系数		0.9665	0.9601	0.9597	0.9572
流量偏差率/%		11.56	13.92	14.14	19.79

(a)

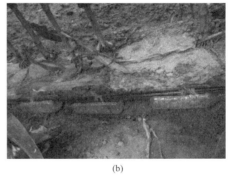
(b)

图 3-1　滴头流量观测

图 3-2　湿润宽度观测

图 3-3　湿润深度观测

由图 3-4 可知，在相同压力下，滴灌带流量偏差率随着滴灌带长度的增加而显著增大，铺设长度越长流量偏差率越大，当 $L = 120\text{m}$ 时，流量偏差率为 $L = 60\text{m}$ 的 1.71 倍。

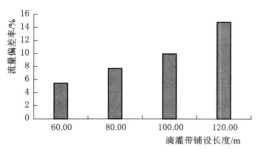

图 3-4 不同滴灌带长度流量偏差率

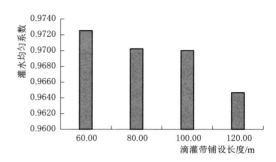

图 3-5 不同滴灌带长度灌水均匀系数

由图 3-5 可知，在保证进口压力水头 $H = 10\text{m}$ 的情况下，灌水均匀系数均保持在 0.9600 以上，随着滴灌带长度的增加灌水均匀度显著降低，铺设长度越短灌水均匀度越高，此外，当 L 由 60m 增至 80m 或 100m 增至 120m 时，均匀度值降低较显著；而当 L 由 80m 增至 100m 时，均匀度值降幅较小。

综上所述，吉林省膜下滴灌工程滴灌带铺设长度宜为 60m。

3.3.2 不同连接方式分析

根据 GB/T 50485—2020《微灌工程技术规范》，以 A（1-1）、A（1-2）为例，确定不同连接方式的辅管、毛管长度，并进行相应的水力计算。

表 3-2   不同连接方式水力计算表

序号	计算项目	A（1-1） 支管地埋连接辅管	A（1-2） 支管地表直接毛管
1	滴灌带内径/mm	15.60	
2	滴头设计流量/（L/h）	2.10	
3	滴头间距/m	0.30	
4	滴管带间距/m	1.20	
5	流态指数	0.47	
6	流量偏差率/%	7.14	
7	设计允许水头偏差/m	0.24	
8	工作水头/m	10.00	
9	毛管偏差/m	1.32	
10	辅管（支管）偏差/m	1.08	

续表

序号	计算项目	A（1-1） 支管地埋连接辅管	A（1-2） 支管地表直接毛管
11	管道内径（软管）/mm	30.40	60.60
12	壁厚/mm	0.80	1.20
13	毛管极限孔数/个	221.00	
14	毛管极限长度/m	66.30	
15	毛管实际长度/m	60.00	
16	辅管（支管）极限孔数/个	13.00	44.00
17	辅管（支管）极限长度/m	15.60	52.80
18	辅管（支管）实际长度/m	15.00	50.00
19	水力计算		
20	$Q_毛$/（L/h）	420.00	
21	$Q_辅$/（L/h）	10920	—
22	$Q_支$/（L/h）	—	35280
23	$h_{f毛}$/m	0.92	0.92
24	$h_{j毛}$/m	0.09	0.09
25	$h_{f辅}$/m	2.89	—
26	$h_{j辅}$/m	0.29	—
27	$h_{f支}$/m	4.85	5.71
28	$h_{j支}$/m	0.49	0.57
29	第一个地埋节点损失/m	9.53	7.30

由表 3-2 可知，A（1-2）小区支管地表直接毛管，支管实际可铺设长度 50m，一次可带动 84 根滴灌带；A（1-1）小区支管地埋另加辅管连接滴灌带，辅管可铺设长度为 15m，一次可带动 26 根滴灌带。在第一个地埋节点处，A（1-1）管道总损失大于 A（1-2），高出 2.23m。故从降低损耗方面考虑，可选择 A（1-2），即支管地表直接毛管模式。

但是因地表铺设支管多为软管，经一年使用后，除冬季保存需占用大量空间外，第二年再次使用时铺设难度大，且易存在"跑、冒、漏"现象，甚至无法使用。

故以 A1 区（36 亩）运行五年（除建设期外）滴灌工程灌溉管材消耗成本为例，分别对两种铺设方式进行成本计算。

由表 3-3 可知，工程建设期 A1b 模式管材投资 350.10 元/亩，比 A1a 模式节约 20.74 元/亩。

表 3 - 3   不同连接方式（建设期）成本计算表

序号	铺设方式	名称	单位	数量	单价/元	合计/元	总计/元	折算成本/ （元/亩）
1		土方开挖	m³	38.56	5.22	203.58		
2		土方回填	m³	38.56	7.47	391.33		
3		首部	套	1	2400.00	2400.00		
4		地埋干管	m	61	25.80	1573.80		
5		地埋支管	m	180	15.30	2754.00		
6	A1a 支管	DE110 弯头	个	2	8.80	17.60		
7	地埋另加	出地栓	套	6	75.00	450.00		
8	辅管连接	DE63 三通	个	4	8.80	35.20	13350.22	370.84
9	滴灌带	变径四通	个	1	10.00	10.00		
10		DE63 弯头	个	2	7.15	14.30		
11		辅管	m	200	0.90	180.00		
12		连接件	套	4	230.00	920.00		
13		滴灌带	m	20040	0.15	3006.00		
14		排水井	座	1	1500.00	1500.00		
15		土方开挖	m³	25.6	5.22	133.63		
16		土方回填	m³	25.6	7.47	191.23		
17		首部	套	1	2400.00	2400.00		
18		地埋干管	m	160	25.80	4128.00		
19		地表支管	m	200	3.50	700.00		
20	A1b 支管	DE110 三通	个	1	9.50	9.50		
21	地表直接	DE110 弯头	个	4	8.80	35.20	12603.56	350.10
22	毛管	出地栓	套	2	95.00	190.00		
23		滴灌带	m	20040	0.15	3006.00		
24		连接件	套	1	310.00	310.00		
25		排水井	座	1	1500.00	1500.00		

由表 3 - 4 可知，工程运行五年后 A1d 模式管材总投资 514.72 元/亩，比 A1c 模式多支出 72.22 元/亩，年均多支出 14.44 元/亩。

表 3-4　　　　　　　　　　　不同连接方式运行五年消耗管材成本计算表

序号	小区	名称	单位	数量	单价/元	合计/元	总计/元	折算成本/(元/亩)
1	A1c 支管地埋另加辅管连接滴灌带	辅管	m	1000	0.90	900.00	15930.00	442.50
2		滴灌带	m	100200	0.15	15030.00		
3	A1d 支管地表直接毛管	地表支管	m	1000	3.50	3500.00	18530.00	514.72
4		滴灌带	m	100200	0.15	15030.00		

综上所述，为减少农民亩投资、降低损耗、节省人工，吉林省膜下滴灌工程建议连接方式为支管地埋另加辅管连接滴灌带。

3.3.3　不同管道埋深分析

根据现有资料及调查统计后，吉林省现有管道埋设方式有浅埋和深埋两种形式，其中浅埋为管道顶端埋入地下不小于 0.80m，深埋为地埋到设计冻深以下，一般为 1.80m。故以 A1 区（36 亩）为例，以 0.80m 为初始埋设标准，进行地埋干管不同埋深成本模拟计算。

表 3-5　　　　　　　　　　　不同管道埋深成本计算表

序号	埋深/m	铺设方式	项目名称	单位	数量	单价/元	合计/元	总计/元	折算成本/(元/亩)
1	0.80m 浅埋	支管地埋另加辅管连接滴灌带	土方开挖	m³	39	5.22	201.28	4817.12	133.81
2			土方回填	m³	39	7.47	288.04		
3			干管	m	61	25.80	1573.80		
4			支管	m	180	15.30	2754.00		
5		支管地表直接毛管	土方开挖	m³	25.6	5.22	133.63	4452.86	123.69
6			土方回填	m³	25.6	7.47	191.23		
7			干管	m	160	25.80	4128.00		
8	1.80m 深埋	支管地埋另加辅管连接滴灌带	土方开挖	m³	173.52	5.22	905.77	6677.96	185.50
9			土方回填	m³	173.52	7.47	1296.19		
10			干管	m	62	25.80	1599.60		
11			支管	m	188	15.30	2876.40		
12		支管地表直接毛管	土方开挖	m³	115.20	5.22	601.34	5667.28	157.42
13			土方回填	m³	115.20	7.47	860.54		
14			干管	m	163	25.80	4205.40		

由表 3-5 可知，相同管道埋设方式下，与深埋相比，浅埋节约投资 33.73～51.69 元/亩，且破损后便于维修。

故建议吉林省地埋管道埋设方式为 0.80m 浅埋，即管道顶端埋入地下不小于 0.8m，可采用排水井结合空压机排水。

3.4　试验结论

　　吉林省玉米膜下滴灌工程滴灌带铺设长度宜为 60m。同时，为减少亩均投资、降低损耗、节省人工，建议连接方式为支管地埋另加辅管连接滴灌带。

　　从减少投资方面考虑，建议吉林省地埋管道顶端埋入地下不小于 80cm，采用排水井结合空压机排水。

第二篇
膜下滴灌条件下的
玉米高效灌溉制度

第4章 玉米膜下滴灌优化
灌溉制度研究

以玉米膜下滴灌全生育期土壤水肥变化为基础，通过大田试验，研究吉林西部特定的自然条件下膜下滴灌玉米全生育期需水、需肥规律，建立吉林省西部膜下滴灌玉米高效水肥灌溉制度，实现以水促肥、以水调肥、水肥互作，提高膜下滴灌条件下玉米水分生产率与肥料利用率，为膜下滴灌技术在吉林省的大面积推广提供理论依据。

作物吸收的水分主要来源于土壤水分，土壤水分的含量在很大程度上影响着玉米整个生育期的生长发育与地上部分产量的形成[1]。但是玉米对水分胁迫又具有自我调节的能力，从生理上为玉米的节水抗旱栽培奠定基础。研究表明，充分供水与适度缺水交替进行，有利于玉米节水、抗旱与增产。

由于玉米在一定程度上具有对缺水的适应性，因此，根据玉米不同生育期对水分需要的敏感度，适时、适量地供应水分，调整玉米生理生态状况，减少作物无效腾散量和田间渗漏量，从而显著地减少玉米需水量，并能通过对玉米生长形态的调整，促使玉米向"最佳群体结构"和"理想丰产株型"两者的优化组合方向发展。

4.1 试验目的

通过对玉米各生育期进行非充分灌溉，开展玉米在膜下滴灌条件下需水量与需水规律研究，开展灌水次数、灌溉时间与作物产量关系、需水量与产量关系研究，分析不同的缺水时期对玉米生长发育及产量的影响，确定玉米各生育阶段的适宜土壤水分上、下限控制指标和适宜计划湿润层深度，建立最适合当地玉米膜下滴灌的水分生产函数模型，求解各生育期的敏感指数，为确定灌溉定额在玉米各生育期的最优分配方案提供理论基础，同时确定玉米膜下滴灌的需水关键期。

4.2 试验设计

参考 SL 13—2015《灌溉试验规范》，旱作灌溉制度试验采用对比法，按不同土壤含水量下限标准确定不同的灌溉制度，小区试验采用5因素8水平均匀试验设计，其中5因素选择为苗期、拔节期、抽雄吐丝期、灌浆期、乳熟期，以各生育期土壤适宜湿度下限作为水平，上限采用田间持水率。以通榆核心示范区王建福地块（充分灌溉）为对照区（CK）。灌水量由土壤湿度差与灌水计划湿润层深度等因素计算得出。具体设计见表4-1和表4-2。

表 4 - 1 　　　　　　　　　　　　　　多 因 子 水 平 处 理 表

水平序号	生育期（土壤湿度相对田间持水量的百分比）/%				
	苗期	拔节期	抽雄吐丝期	灌浆期	乳熟期
1	45	55	60	60	50
2	50	60	65	65	55
3	55	65	70	70	60
4	60	70	75	75	65
5	65	75	80	80	70
6	70	80	85	85	75
7	75	85	90	90	80
8	80	90	95	95	85

表 4 - 2 　　　　　　　　玉米膜下滴灌灌溉制度 U_8 （8^5） 均匀设计表

处理区号	生育期（土壤湿度相对田间持水量的百分比）/%				
	苗期	拔节期	抽雄吐丝期	灌浆期	乳熟期
U1	45	60	75	90	85
U2	50	70	95	80	80
U3	55	80	70	70	75
U4	60	90	90	60	70
U5	65	55	65	95	65
U6	70	65	85	85	60
U7	75	75	60	75	55
U8	80	85	80	65	50

　　试验设计的 8 种处理，每个处理小区面 14m×4.8m（4 条大垄）＝67.2m² ≈ 67m²，均做 3 次重复，故共 24 个小区。小区长向设置 2.4m（2 条大垄）的保护区，短向设置 2m 保护带，每小区灌排水量单独水表计量，小区随机排列。每个小区埋设负压计两支（10cm、30cm）指导灌溉，如图 4 - 1 所示。

(a)　　　　　　　　　　　　　　　　(b)

图 4 - 1 优化灌溉制度试验小区

4.3　试验结果分析

4.3.1　膜下滴灌玉米生育期记录

试验区玉米膜下滴灌生长情况见图 4-2～图 4-7、见表 4-3。

图 4-2　播种出苗期

图 4-3　苗期

图 4-4　拔节期

图 4-5　抽雄吐丝期

图 4-6　灌浆期

图 4-7　乳熟期

表 4-3 生育期记录表

生育期	播种出苗期	苗期	拔节期	抽雄吐丝期	灌浆期	乳熟期	成熟期
日期/ （月-日）	05-13— 05-26	05-27— 06-25	06-26— 07-17	07-18— 07-31	08-01— 08-12	08-13— 09-18	09-19— 10-01
天数	14	30	22	14	12	37	13

4.3.2 膜下滴灌玉米需水规律分析

玉米需水量[2]（ET）受许多因素影响，主要包括：气象因子、土壤水分含量状况和作物生长发育状况，试验采用烘干法与 TDR 相结合测定土壤含水量。需水量计算公式见式（4-1）：

$$ET_{1-2}=10\sum_{i=1}^{n}r_iH_i\ (W_{i1}-W_{i2})\ +M+P+K-C \qquad (4-1)$$

式中　ET_{1-2}——阶段需水量，mm；

　　　　i——土壤层次数号数；

　　　　n——土壤层次总数目；

　　　　r_i——第 i 层土壤干容重，g/cm³；

　　　　H_i——第 i 层土壤的厚度，cm；

　　　　W_{i1}——第 i 层土壤在时段初的含水量（干土重的百分率）；

　　　　W_{i2}——第 i 层土壤在时段末的含水量（干土重的百分率）；

　　　　M——时段内的灌水量，mm；

　　　　P——时段内的有效降水量，mm；

　　　　K——时段内的地下水补给量，mm；

　　　　C——时段内的排水量（地表排水与下层排水之和），mm。

通榆地区灌溉期间地下水位埋深在 10m 以下，所以地下水的补给量在计算作物需水量时不予考虑，即 $K=0$。试验小区采用膜下滴灌技术，定点定时定量的灌水，不会产生深层渗漏，小区周边采用围堰设计，不会产生地表排水，所以不予考虑时段内排水量，即 $C=0$；在通榆地区，高强度长时间的降水很少，在计算作物需水量时，一般将 5mm 以下的降水称为无效降水（由于覆膜作用，5mm 以下降水很快会蒸发掉），计算时不考虑，故公式变为式（4-2）：

$$ET_{1-2}=10\sum_{i=1}^{n}r_iH_i(W_{i1}-W_{i2})+M+P \qquad (4-2)$$

根据实际情况，通过公式计算求得 8 种处理的膜下滴灌玉米各生育阶段需水量，从而分析玉米全生育期需水规律。并运用式（4-3）求得各生育阶段的需水模数 R_i（%）。

$$R_i=\frac{ET_i}{ET} \qquad (4-3)$$

式中　R_i——作物不同生育期的需水模数；

ET_i——作物不同生育期的需水量，mm；

ET——作物整个生育期的需水量，mm。

表 4-4 不同处理玉米膜下滴灌各生育期需水量与需水模数表

生育期	播种出苗期		苗期		拔节期		抽雄吐丝期		灌浆期		乳熟期		成熟期		全生育期
	需水量/mm	需水模数/%	需水量/mm	需水模数/%	需水量/mm	需水模数/%	需水量/mm	需水模数/%	需水量/mm	需水模数/%	需水量/mm	需水模数/%	需水量/mm	需水模数/%	总需水量/mm
U1	9.90	3.41	44.31	15.28	73.44	25.33	66.02	22.77	21.45	7.40	67.65	23.33	7.18	2.48	289.94
U2	12.41	3.79	43.54	13.29	69.67	21.27	55.00	16.79	50.29	15.35	89.48	27.32	7.21	2.20	327.60
U3	19.97	5.81	33.96	9.87	78.62	22.86	63.16	18.36	54.75	15.92	88.15	25.63	5.37	1.56	343.98
U4	15.74	5.05	38.47	12.35	73.28	23.52	65.73	21.09	21.82	7.00	89.07	28.59	7.50	2.41	311.61
U5	10.67	3.82	41.04	14.70	47.43	16.99	35.44	12.70	48.64	17.42	88.10	31.56	7.80	2.79	279.12
U6	10.81	3.40	42.64	13.39	78.00	24.50	54.82	17.22	41.69	13.09	87.34	27.43	3.09	0.97	318.39
U7	10.48	3.74	32.86	11.74	65.93	23.55	45.06	16.10	34.92	12.47	82.48	29.46	8.22	2.94	279.94
U8	14.47	4.92	37.78	12.85	78.92	26.84	33.75	11.47	31.21	10.61	90.20	30.67	7.77	2.64	294.09
CK	15.01	4.14	45.51	12.56	80.40	22.19	66.38	18.32	55.00	15.18	91.47	25.24	8.57	2.37	362.34

在不同生育期内玉米需水量受多重因素影响，如自然条件、玉米品种、土壤特性和田间管理等，不同的灌溉制度对玉米各生育阶段需水量也存在一定的影响，运用表 4-4 绘制膜下滴灌玉米充分灌溉下（CK）各生育阶段需水量。

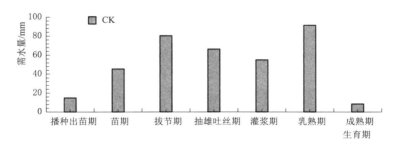

图 4-8 玉米膜下滴灌充分灌溉条件下各生育阶段需水量

由图 4-8 可知，玉米膜下滴灌各生育期需水情况存在较大差异，其中播种出苗期与苗期需水量较少，分别为 15.01mm、45.51mm，占全生育期总量的 4.14%、12.56%；拔节期需水量显著增多，占全生育期总量的 22.19%；抽雄期与灌浆期需水量略有降低，占全生育期的 18.32%、15.18%；乳熟期需水量达到高峰，约占全生育期总量的 25.24%；成熟期需水量最小，仅为 8.57mm，占全生育期总量的 2.37%。

4.3.3 玉米膜下滴灌需水强度确定

受各生育期天数变化的影响，玉米膜下滴灌需水量无法准确反映膜下滴灌玉米的需水规律，故利用表 4-5，求解不同处理下玉米膜下滴灌日需水强度，计算公式见式（4-4）：

$$I_i = ET_i / T_i \qquad\qquad (4-4)$$

式中　I_i——作物不同生育期的需水强度；

　　　ET_i——作物不同生育期的需水量；

　　　T_i——作物不同生育的天数，d。

表 4-5　　　　　　　　　　　　不同处理各生育阶段需水强度表

生育期处理	播种出苗期/（mm/d）	苗期/（mm/d）	拔节期/（mm/d）	抽雄吐丝期/（mm/d）	灌浆期/（mm/d）	乳熟期/（mm/d）	成熟期/（mm/d）
U1	0.71	1.48	3.34	4.72	1.79	1.83	0.55
U2	0.89	1.45	3.17	3.93	4.19	2.42	0.55
U3	1.43	1.13	3.57	4.51	4.56	2.38	0.41
U4	1.12	1.28	3.33	4.69	1.82	2.41	0.58
U5	0.76	1.37	2.16	2.53	4.05	2.38	0.60
U6	0.77	1.42	3.55	3.92	3.47	2.36	0.24
U7	0.75	1.10	3.00	3.22	2.91	2.23	0.63
U8	1.03	1.26	3.59	2.41	2.60	2.44	0.60
CK	1.07	1.52	3.65	4.74	4.58	2.47	0.66

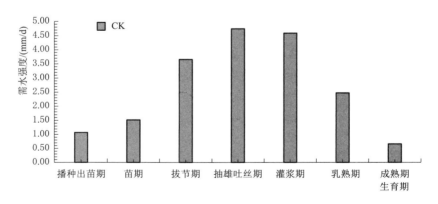

图 4-9　充分灌溉条件下玉米膜下滴灌各生育阶段需水强度

由图 4-9 可知，玉米膜下滴灌（CK）日需水强度变化规律表现为先升高再降低的"单峰式"变化趋势，抽雄吐丝期日需水强度达到最大值 4.74mm/d；其次为灌浆期；成熟期需水强度最小，仅为 0.66mm/d。确定抽雄吐丝期与灌浆期为作物需水关键期。

4.3.4　不同处理对产量的影响

不同处理对玉米生长发育情况所产生的各种影响，最终会体现在产量水平上。玉米收获于成熟后的 10 月 1 日，玉米产量因素包括：穗长、穗粗及百粒重等因素。

表 4-6　　　　　　　　　　　　　不同处理下玉米产量指标表

小区编号	单穗行数	单行粒数	穗长/cm	穗粗/cm	秃尖长/cm	百粒重/g	产量/（kg/亩）
U1	14.60	30.30	17.37	4.30	0.44	37.65	654.67
U2	14.80	30.40	18.46	4.16	0.93	40.52	709.39
U3	16.00	30.90	19.03	4.28	1.34	37.86	821.93
U4	15.70	29.10	17.30	4.22	0.45	41.12	699.56
U5	15.60	27.70	17.50	4.31	0.08	41.75	541.50
U6	15.40	32.60	18.46	4.25	0.40	40.91	673.59
U7	14.40	26.00	16.10	3.91	1.68	38.38	662.89
U8	14.00	30.50	18.73	4.31	1.11	42.69	587.61
CK	16.00	42.00	20.39	4.82	0.18	38.99	958.42

由表 4-6 可以看出，百粒重在 37.65～42.69g，U8 处理百粒重最高；亩产在541.50～958.42kg，CK 处理产量最高。

4.3.5　产量差异分析

试验具体的最终产量数据见表 4-7。

表 4-7　　　　　　　　　　　　　产 量 差 异 分 析 表

编号	处理名称	产量/（kg/亩）	减产幅度/%
1	U1	654.67	31.69
2	U2	709.39	25.98
3	U3	821.93	14.24
4	U4	699.56	27.01
5	U5	541.50	43.50
6	U6	673.59	29.72
7	U7	662.89	30.84
8	U8	587.61	38.69
9	CK	958.42	

由表 4-7 可知，各生育期非充分灌溉相对于充分灌溉（CK）均有一定程度的减产。其中，U5 处理减产最为严重，减产幅度 43.50％；其次为 U8 处理，减产幅度 38.69％；U3 处理减产幅度最小，减产幅度 14.24％。

4.3.6　不同处理下的水分利用效率

运用田间观测数据求得不同处理下膜下滴灌玉米水分利用效率，见表 4-8。

表 4-8　　　　　　　　　　　　不同处理下的水分利用效率表

处理	产量 / （kg/亩）	需水量 /mm	水分利用效率 / （kg/m³）
U1	654.67	289.94	3.39
U2	709.39	327.60	3.25
U3	821.93	343.98	3.58
U4	699.56	311.61	3.37
U5	541.50	279.12	2.91
U6	673.59	318.39	3.17
U7	662.89	279.94	3.55
U8	587.61	294.09	3.00
CK	958.42	362.34	3.97

由表 4-8 可知，不同处理下水分利用效率在 2.91～3.97kg/m³，其中 CK 处理水分利用效率最高，其次为 U3 处理。

4.3.7　膜下滴灌玉米适宜土壤水分确定

作物在生长发育过程中对水分有一定的要求。不管在哪个生育阶段，水分过多或不足均会对作物的株高、茎粗、叶面积的变化产生一定的影响，但是所造成的影响程度有所不同，见表 4-9～表 4-12。

表 4-9　　　　　　　　　　　　不同处理下各生育末期的株高

处理	播种出苗期/cm	苗期/cm	拔节期/cm	抽雄吐丝期/cm	灌浆期/cm	乳熟期/cm
U1	4.83	40.20	164.90	223.17	233.00	239.00
U2	7.93	50.83	156.73	203.67	215.00	214.00
U3	7.00	51.73	169.17	227.67	247.00	246.00
U4	7.57	67.30	192.47	244.33	252.00	254.00
U5	6.90	70.13	207.17	250.33	257.67	258.67
U6	10.27	68.63	186.20	268.67	261.67	263.33

处理	播种出苗期/cm	苗期/cm	拔节期/cm	抽雄吐丝期/cm	灌浆期/cm	乳熟期/cm
U7	8.63	63.30	216.50	259.67	270.67	276.33
U8	13.60	74.87	196.17	247.33	258.33	261.67

表 4-10　　　　　　　　不同处理下各生育末期茎粗表

处理	苗期/cm	拔节期/cm	抽雄吐丝期/cm	灌浆期/cm	乳熟期/cm
U1	1.70	2.34	2.46	2.47	2.50
U2	2.00	2.53	2.70	2.59	2.59
U3	2.37	2.56	2.82	2.70	2.71
U4	2.43	2.67	2.69	2.49	2.92
U5	2.73	2.78	2.83	2.59	2.67
U6	2.70	2.49	2.62	2.66	2.56
U7	2.93	2.73	2.76	2.59	2.80
U8	2.63	2.66	2.69	2.50	2.48

表 4-11　　　　　　　　不同处理下各生育末期叶面积表

处理	苗期/cm²	拔节期/cm²	抽雄吐丝期/cm²	灌浆期/cm²	乳熟期/cm²
U1	99.69	488.34	578.43	586.85	502.28
U2	149.24	490.92	626.53	671.41	554.30
U3	189.23	526.37	536.53	604.42	554.97
U4	135.23	539.26	419.30	696.60	618.88
U5	273.36	617.44	542.03	631.08	534.62
U6	97.72	471.04	556.89	581.07	508.92
U7	234.32	488.34	579.98	585.81	498.70
U8	113.05	518.74	602.01	504.61	463.94

利用回归分析方法，对各处理下的土壤含水量分别与各生育阶段株高、茎粗、叶面积的变化进行相关分析，并建立其相关方程。

表 4-12　　　　　　不同处理下生长指标与土壤含水量关系的数学表达式

生长指标	生育期	数学表达式
株高	苗期	$H_苗 = -0.0357W_高{}^2 + 0.5.1457W_高 - 124.75$
	拔节期	$H_拔 = 0.0193W_高{}^2 - 2.9196W_高 + 233.18$
	抽雄吐丝期	$H_抽 = -0.0582W_高{}^2 + 9.3383W_高 - 312.21$
	灌浆期	$H_灌 = -0.0154W_高{}^2 + 2.286W_高 - 71.856$
	乳熟期	$H_乳 = 0.0117W_高{}^2 - 1.5885W_高 + 55.244$

生长指标	生育期	数学表达式
茎粗	苗期	$S_{苗} = -0.0014W_{粗}^2 + 0.2014W_{粗} - 4.6058$
	拔节期	$S_{拔} = -0.0005W_{粗}^2 + 0.0688W_{粗} - 1.9819$
	抽雄吐丝期	$S_{抽} = -0.0001W_{粗}^2 + 0.0167W_{粗} - 0.569$
	灌浆期	$S_{灌} = 0.0003W_{粗}^2 - 0.0523W_{粗} + 2.1973$
	乳熟期	$S_{乳} = -0.0005W_{粗}^2 + 0.0708W_{粗} - 2.1338$
叶面积	苗期	$L_{苗} = -0.2455W_{叶}^2 + 31.5970W_{叶} - 822.17$
	拔节期	$L_{拔} = 0.2194W_{叶}^2 - 31.071W_{叶} + 1427$
	抽雄吐丝期	$L_{抽} = 0.1503W_{叶}^2 - 21.508W_{叶} + 830.96$
	灌浆期	$L_{灌} = 0.5096W_{叶}^2 - 83.411W_{叶} + 3413.3$
	乳熟期	$L_{乳} = -0.0369W_{叶}^2 + 5.8597W_{叶} - 144.55$

对上式求导数并令 $dH/dW_{高}=0$、$dS/dW_{粗}=0$、$dL/dW_{叶}=0$，得出各生育期针对作物株高、茎粗、叶面积变化的适宜土壤水分含量。此值可作为最适土壤含水量。

表 4-13　　　　　　　　不同处理下生长指标最适土壤含水量指标表

序号	生育期	最适土壤含水量指标（占田持%）		
		$W_{高}$	$W_{粗}$	$W_{叶}$
1	苗期	72.04	71.93	64.35
2	拔节期	75.64	68.80	70.81
3	抽雄吐丝期	80.23	83.50	71.55
4	灌浆期	79.37	73.67	81.84
5	乳熟期	67.88	70.80	79.40

由表 4-13 可知，玉米膜下滴灌各生育阶段的适宜土壤含水量为：苗期 60%～70%、拔节期 65%～75%、抽雄吐丝期 75%～85%、灌浆期 70%～80%、乳熟期 70%～80%。

同时，根据实测膜下滴灌玉米各生育阶段根系深度，确定玉米适宜计划湿润层为苗期 20cm，拔节期 40cm，抽雄吐丝期后均为 60cm。

4.3.8　玉米膜下滴灌水分生产函数模型研究

4.3.8.1　适宜水分生产函数模型选取

敏感指数的计算一般通过作物水分生产函数模型来实现。作物的水分生产函数模型主要分为静态模型和动态模型，静态模型由于函数简单，理论基础强，通常成为非充分灌溉水分生产函数计算时的选择[3,4]。

静态函数又可分为全生育期计算和分生育阶段计算两种。全生育期的计算函数主要针对总的灌水量与总产量之间的关系，而本次试验是对玉米进行分生育阶段调亏处理，故本节采用静态模型中五种应用广泛的生育阶段水分生产函数模型[5-12] 计算玉米敏感指数。

1. Jensen 模型

用相对蒸散量作为自变量与相应阶段敏感指数 λ_i 表示的 M. E. Jensen（1968 年）模型（简称 Jensen 模型），见式（4-5）：

$$Y_a/Y_m = \prod_{i=1}^{n} (ET_a/ET_m)_i^{\lambda_i} \qquad (4-5)$$

式中　Y_a ——各灌水处理下的实测产量；

　　　Y_m ——充分灌溉处理下的产量；

　　　ET_a ——各阶段作物实测腾散量；

　　　ET_m ——充分灌溉处理下的腾散量；

　　　λ_i ——作物不同阶段缺水对产量影响的敏感指数，$i = 1, 2, \cdots, n$ 为各生育阶段序号。

2. Minhans 模型

用相对亏水量作自变量与相应阶段敏感指数 λ_i 表示的 B. Minhas，K. Parikhm，Srinva. San（1974 年）模型（简称 Minhas 模型），见式（4-6）：

$$Y_a/Y_m = a_0 \prod_{i=1}^{n} [1 - (1 - ET_a/ET_m)_i^{b_0}]^{\lambda_i} \qquad (4-6)$$

式中　b_0 ——自变量的幂函数（常数），Minhas 等学者认为 $b_0 = 2.0$；

　　　a_0 ——可以认为是实际亏水量以外的其他因素对 Y_a/Y_m 的修正系数，$a_0 \leqslant 1.0$。

3. Blank 模型

以相对蒸散量作为自变量与相应阶段的敏感指数乘积 A_i 表示的 H. Blank（1975 年）模型（简称 Blank 模型），见式（4-7）：

$$\frac{Y_a}{Y_m} = \sum_{i=1}^{n} A_i \left(\frac{ET_a}{ET_m}\right)_i \qquad (4-7)$$

式中　A_i ——作物不同阶段缺水对产量的敏感指数（乘函数型），$i = 1, 2, \cdots, n$ 为各生育阶段序号。

4. Stewart 模型

以相对缺水量作为自变量与相应阶段敏感指数乘积 B_i 表示的 J. I. Stewart（1976）等人提出的加法模型（简称 Stewart 模型），见式（4-8）：

$$1 - Y_a/Y_m = \sum_{i=1}^{n} B_i [(ET_{mi} - ET_{ai})/ET_{mi}] \qquad (4-8)$$

式中　B_i ——作物不同阶段缺水对产量的敏感指数（乘函数型）$i = 1, 2, \cdots, n$ 为各生育阶段序号。

5. Singh 模型

以相对亏水量作自变量及经验幂指数 b_0 与相应阶段敏感指数乘积 C_i 表示的 P. Singh

（1987 年）模型（简称 Singh 模型），见式（4-9）：

$$Y_a/Y_m = \sum_{i=1}^{n} C_i \left[1-(1-ET_{ai}/ET_{mi})^{b_0}\right] \tag{4-9}$$

式中　C_i——作物不同阶段缺水对产量的敏感指数（乘函数型）$i=1$，2，…，n 为各生育阶段序号；

　　　b_0——经验系数，Singh 等人认为 $b_0=2$。

4.3.8.2　玉米分生育阶段水分生产函数模型参数的求解

运用非充分灌溉田间试验数据及 SPSS 数据分析软件，将五种水分生产函数经过数学变换、线性化处理后，转换成多元线性方程组，再利用最小二乘法原理求解方程组，计算出各模型玉米膜下滴灌分生育阶段敏感指数，并应用复相关系数和 F 检验法来验证模型的合理性。

表 4-14　　　　　　　　　　　　　　各模型玉米敏感指数值

模型名称	参数	苗期①	拔节期②	抽雄期③	灌浆期④	乳熟期⑤	R	F	sig	$F_{0.05}$
Jensen	λ_i	0.1383	0.4062	0.4855	0.2499	0.3598	0.99	24.85	0.04	
Minhans	λ_i	0.1663	0.5967	0.7172	0.2212	0.8410	0.99	13.65	0.07	
Blank	A_i	−0.2079	0.2398	0.3683	0.1615	0.2803	0.99	24.73	0.04	19.30
Stewart	B_i	0.1346	0.3857	0.4627	0.3186	0.3157	0.99	21.13	0.04	
Singh	C_i	−0.1858	6.6345	−1.9016	1.2703	−4.8878	0.99	14.21	0.07	

由表 4-14 可知，Jensen 模型中 λ_i 值越大对缺水越敏感。求得的 λ_i 值没有负值，但 λ_i 值从大到小的顺序为：③＞②＞⑤＞④＞①，说明玉米在第④生育阶段对水分不敏感，这不符合玉米水分生理特性及实际灌溉经验。故此模型不适用于吉林省半干旱区膜下滴灌玉米。

Minhas 模型中 λ_i 值越大对缺水越敏感。求得的 λ_i 值没有负值，但是 λ_i 值顺序与 Jensen 模型一致，均不符合玉米水分生理特性及实际灌溉经验。故此模型不适用于吉林省半干旱区膜下滴灌玉米。

Blank 模型中 A_i 值越小对缺水越敏感。求得第①生育阶段的 A_i 值为负值，且 A_i 值顺序为：③＞⑤＞②＞④＞①，第③生育阶段的 A_i 值最高，说明玉米在第③生育阶段对水分不敏感，不符合玉米水分生理特性及实际灌溉经验。故此模型不适用于吉林省半干旱区膜下滴灌玉米。

Stewart 模型中 B_i 值越大对缺水越敏感。求得的 B_i 值没有负值，B_i 值顺序为：③＞②＞④＞⑤＞①，该模型中各阶段敏感指数顺序与玉米水分生理特性及实际灌溉经验相一致；复相关系数 R 值大于 0.99，拟合效果较好；模型检验值 $F \geqslant F_{0.05}$，在 α = 0.05 的水平下显著。故 Stewart 模型较适于反映吉林省半干旱区膜下滴灌玉米需水特性。

Singh 模型中 C_i 值越小对缺水越敏感。求得第①、③、⑤生育阶段的 C_i 值为负值，且 C_i 值顺序为：②＞④＞①＞③＞⑤，其大小顺序与玉米水分生理特性及实际灌溉经验相矛盾。故此模型不适用于吉林省半干旱区膜下滴灌玉米。

综上所述，从模型参数的拟合效果、显著性水平及实际意义上看，试验地最适宜的玉米水分生产函数模型为 Stewart 模型，从而得到玉米膜下滴灌 Stewart 水分生产函数模型，见式（4-10）：

$$1 - \frac{Y_a}{Y_m} = 0.1346\left(\frac{ET_{m1} - ET_{a1}}{ET_{m1}}\right) + 0.3857\left(\frac{ET_{m2} - ET_{a2}}{ET_{m2}}\right) + 0.4627\left(\frac{ET_{m3} - ET_{a3}}{ET_{m3}}\right) +$$

$$0.3186\left(\frac{ET_{m4} - ET_{a4}}{ET_{m4}}\right) + 0.3157\left(\frac{ET_{m5} - ET_{a5}}{ET_{m5}}\right) \tag{4-10}$$

4.3.8.3　敏感指数的变化分析

敏感指数能够反映玉米各生育期对水分亏缺的敏感程度，其敏感指数的变化也大致表现了玉米的需水规律。

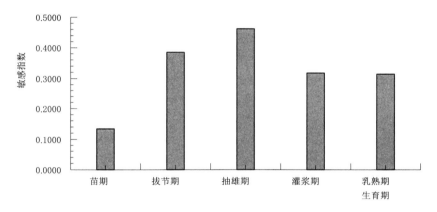

图 4-10　Stewart 模型敏感指数

由图 4-10 中可以看出，玉米各生育期内的敏感指数变化比较大，说明玉米各生育期对需水的敏感程度大有不同，呈前期和后期较小，中期较大的变化规律，敏感指数的大小为：抽雄期＞拔节期＞灌浆期＞乳熟期＞苗期。其中，抽雄吐丝期的敏感指数最大，说明此生育期对水分最为敏感，缺水对玉米产量的影响最为显著，确定此生育期为玉米需水关键期；玉米苗期适度水分胁迫，可以催进根系向深处生长，向四周伸展，促进茎叶生长，使地上部茎叶和地下部根系达到平衡、协调的发展，对水分亏缺不敏感；拔节期是茎的节间向上迅速伸长的时期，此时玉米茎叶生长迅速，叶片光合作用增强，叶面蒸发蒸腾强度增加，又是玉米雌雄穗的分化时期，对水分亏缺较为敏感；灌浆期子粒体积迅速增长，并基本建成，果穗轴基本定长、定粗，是决定粒数的主要时期，对水分亏缺较敏感，而乳熟期以后因果穗籽粒已基本建成，胚乳由乳状经糊状、蜡状至干硬，子粒基部出现黑色层，乳线消失，呈现品种固有的颜色和光泽，此时段缺水对玉米产量的影响程度降低。

4.3.8.4　模型检验

由 Stewart 水分生产函数模型与试验资料计算得出 8 种处理的预测产量及相对误差，

见表 4-15。预测产量平均相对误差 6.48%，预测精度 93.52%；变异系数为 0.17，变异程度较小；预测产量与实测产量决定系数为 0.79，拟合程度较好。

表 4-15 误 差 检 验

序号	处理	预测产量/ （kg/亩）	实测产量/ （kg/亩）	相对误差 /%	平均相对误差 /%	变异系数 /%	决定系数
1	U1	655.52	654.67	0.13			
2	U2	794.72	709.39	12.03			
3	U3	883.59	821.93	7.50			
4	U4	709.21	699.56	1.38	6.48	0.17	0.79
5	U5	541.03	541.50	0.09			
6	U6	774.44	673.59	14.97			
7	U7	572.34	662.89	13.66			
8	U8	575.38	587.61	2.08			

由图 4-11 可知，线性方程的斜率接近 1，预测产量与实测产量误差较小；数据点均匀的分布在 1∶1 线两侧，但上方数据点与 1∶1 线距离偏大，预测产量偏高。

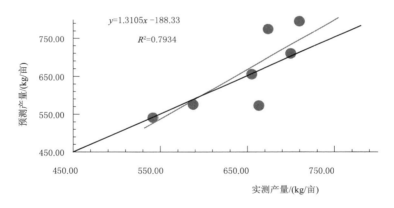

图 4-11 预测产量与实测产量比较

综上所述，确定的 Stewart 水分生产函数模型及其敏感指数较为合理。

4.3.9 玉米膜下滴灌高效灌溉制度研究

利用通榆县 37 年（1981—2017 年）全生育期有效降水资料，使用水文频率分布曲线适线软件进行降水频率分析，得到不同保证率下的代表年份，90% 保证率有效降水量 168mm，75% 保证率有效降水量为 209.59mm，50% 保证率有效降水量为 260.39mm，25% 保证率有效降水量为 316.37mm。选择 1995 年、2006 年、1991 年和 1993 年分别为 90%、75%、50% 及 25% 的代表年份，其有效降水量分别为 170.64mm、210.40mm、264.96mm 及 316.48mm。

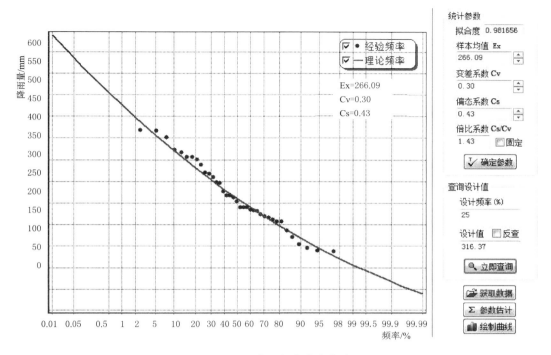

图 4 - 12　水文频率分布曲线图

　　根据已求得作物全生育期需水量、作物适宜土壤含水量、有效降水量、Stewart 水分生产函数及 2014—2018 年实际灌溉定额，制定不同水文年型下的玉米膜下滴灌灌溉制度。结果见表 4 - 16。

表 4 - 16　　　　　　　　　　玉米膜下滴灌不同水文年型高效灌溉制度表

灌水保证率	灌溉制度	苗期	拔节期	抽雄吐丝期	灌浆期	乳熟期	全生育期
25%	灌水次数/次	—	1	1	1	—	3
	灌溉水量/（m³/亩）	—	10	15	15	—	40
50%	灌水次数/次	—	1	2	1	1	5
	灌溉水量/（m³/亩）	—	10	30	15	15	70
75%	灌水次数/次	2	2	2	2	1	9
	灌溉水量/（m³/亩）	10	20	30	30	15	105
90%	灌水次数/次	2	3	2	2	2	11
	灌溉水量/（m³/亩）	10	30	30	30	30	130

4.4 试验结论

（1）充分灌溉（CK）条件下玉米膜下滴灌需水量呈增加—减少—增加—减少的变化趋势，在乳熟期需水量最大，高达 91.47mm，占全生育期总量的 27.69%；成熟期最低，仅为 8.57mm，占全生育期总量的 2.37%。

（2）玉米膜下滴灌（CK）日需水强度变化规律表现为先升高再降低的"单峰式"变化趋势，抽雄吐丝期日需水强度达到最大值 4.74mm/d。

（3）求解出适宜吉林西部盐碱旱田的玉米膜下滴灌各生育阶段的适宜土壤含水量上下限控制指标：苗期 60%～70%、拔节期 65%～75%、抽雄吐丝期 75%～85%、灌浆期 70%～80%、乳熟期 70%～80%。

（4）确定 Stewart 水分生产函数模型在吉林省西部盐碱旱田具有较好的适宜性，其敏感指数为：0.1346（苗期）、0.3857（拔节期）、0.4627（抽雄吐丝期）、0.3186（灌浆期）、0.3157（乳熟期）。

（5）制定核心示范区不同水文年型的玉米膜下滴灌灌溉制度。

第5章 玉米膜下滴灌多元肥料
效应函数模型研究

肥料是作物增产提质的物质基础[13]。就玉米而言，合理施肥不仅可以提高肥料利用率、单位面积产量与品质，也可以减少环境污染。为了确定多种肥料对作物在特定自然条件及土壤条件下的最佳用量配比，需运用统计分析方法建立能够反映施肥量与产量之间数量关系的多元肥料效应函数模型[14-17]。"3414"试验设计[18-23]是国家开展测土配方施肥工作的主推田间肥料试验方案，含义为氮、磷、钾3个因素、4个水平、14个处理，符合肥料试验和施肥决策的专业要求，具有回归最优、设计处理少、效率高的优点，除了可以进行三元二次肥料效应函数方程拟合外，也可以分别进行氮、磷、钾中任意二元及一元肥料效应函数方程的拟合[24]。

5.1 试验目的

在核心示范区"3414"田间试验基础上，建立多元二次肥料效应函数方程，求解玉米膜下滴灌施肥参数，比较分析各肥料效应函数的拟合程度、最高产量、最佳经济产量及产投比，筛选出N、P、K肥的最优肥料效应模型，为示范区玉米膜下滴灌的合理施肥提供科学依据。

5.2 试验设计

以核心示范区2016年玉米膜下滴灌"3414"田间试验数据进行研究，其中4个水平指：0水平指不施肥，2水平指当地推荐施肥量，1水平（指施肥不足）＝2水平×0.5，3水平（指过量施肥）＝2水平×1.5。试验设置14个处理，每个处理3次重复，顺序排列，共有14×3＝42个小区，小区间设置2m保护带隔离，每小区灌水量单独水表计量，小区随机排列。每个小区安装张力计及TRIME指导灌溉，见表5-1。

表5-1 玉米膜下滴灌"3414"田间试验方案

处理编号	N水平	P_2O_5水平	K_2O水平	N/（kg/亩）	P_2O_5/（kg/亩）	K_2O/（kg/亩）
N_0P_0KO（1）	0	0	0	0.00	0.00	0.00
$N_0P_2K_2O$（2）	0	2	2	0.00	4.80	4.80
$N_1P_2K_2O$（3）	1	2	2	5.33	4.80	4.80
$N_2P_0K_2O$（4）	2	0	2	10.67	0.00	4.80

续表

处理编号	N 水平	P_2O_5 水平	K_2O 水平	N/（kg/亩）	P_2O_5/（kg/亩）	K_2O/（kg/亩）
$N_2P_1K_2O$（5）	2	1	2	10.67	2.40	4.80
$N_2P_2K_2O$（6）	2	2	2	10.67	4.80	4.80
$N_2P_3K_2O$（7）	2	3	2	10.67	7.20	4.80
$N_2P_2K_0O$（8）	2	2	0	10.67	4.80	0.00
$N_2P_2K_1O$（9）	2	2	1	10.67	4.80	2.40
$N_2P_2K_3O$（10）	2	2	3	10.67	4.80	7.20
$N_3P_2K_2O$（11）	3	2	2	16.00	4.80	4.80
$N_1P_1K_2O$（12）	1	1	2	5.33	2.40	4.80
$N_1P_2K_1O$（13）	1	2	1	5.33	4.80	2.40
$N_2P_1K_1O$（14）	2	1	1	10.67	2.40	2.40

　　试验区供试品种为良玉 99，种植密度为 5.5 万株/hm^2，供试肥料为尿素（N 46%）、过磷酸钙（P_2O_5 12%）、硫酸钾（K_2O 50%），依据白城市土壤肥料工作站检测分析结果确定当地推荐施肥量氮（N）10.67kg/亩、磷（P_2O_5）4.80kg/亩、钾（K_2O）4.80kg/亩，其中氮肥分三次追加，磷肥、钾肥作为底肥一次性施入。试验数据主要运用 SPSS 系统与 Excel 2010 进行分析，如图 5-1～图 5-6，见表 5-2。

图 5-1　"3414"试验小区播种出苗期

图 5-2　"3414"试验小区苗期

图 5-3　"3414"试验小区拔节期

图 5-4　"3414"试验小区抽穗吐丝期

图 5－5　"3414"试验小区灌浆期　　　　图 5－6　"3414"试验小区乳熟期

5.3　试验结果分析

5.3.1　土壤肥力评价

表 5－2　　　　　　　　　　玉米膜下滴灌"3414"田间产量

处理编号	产量/（kg/亩）	处理编号	产量/（kg/亩）
N_0P_0KO（1）	559.55	$N_2P_2K_0O$（8）	760.40
$N_0P_2K_2O$（2）	586.34	$N_2P_2K_1O$（9）	747.22
$N_1P_2K_2O$（3）	721.25	$N_2P_2K_3O$（10）	798.62
$N_2P_0K_2O$（4）	716.77	$N_3P_2K_2O$（11）	802.30
$N_2P_1K_2O$（5）	772.86	$N_1P_1K_2O$（12）	738.65
$N_2P_2K_2O$（6）	804.11	$N_1P_2K_1O$（13）	745.53
$N_2P_3K_2O$（7）	808.33	$N_2P_1K_1O$（14）	782.51

　　土壤氮磷钾含量的丰缺可以用相对产量（即试验缺肥区平均产量与全肥区平均产量的比值）来衡量[25]。以相对产量评价供试土壤的肥力，相对产量低于 50％的土壤养分为极低水平，50％～75％为低水平，75％～95％为中水平，大于 95％为高水平[26]。田间试验方案中处理（1）为不施肥处理，处理（2）为不施氮处理，处理（4）为不施磷处理，处理（8）为不施钾处理。处理（2）、（4）、（8）与全肥处理（6）的相对产量分别为 72.92％、89.14％、94.56％。因此，试验区土壤中 N 的含量处于低等水平，P、K 的含量处于中等水平。同时，农作物产量对土壤肥力的依存率，即土壤基础肥力对农作物单产的贡献份额用下式来表示：依存率（％）＝$X/Y_{max}\times100$，X：不施肥产量，即土壤基础肥力；Y_{max}：施足肥料后的产量[27]，经计算，玉米对土壤基础肥力的依存率为 69.22％。

　　当固定两种肥料施用量时，可求解另一种肥料在不同施肥水平下玉米产量变异系数。由表 5－3 可知，变异系数排序为 N＞P_2O_5＞K_2O，初步表明氮肥对玉米产量的影响最大，磷肥次之，钾肥相对最小。故在一定范围内多施氮肥易增加产量，同时也应注意磷、钾肥的合理配比。

表 5 - 3   **不同施肥水平下玉米产量的变异系数**

施肥元素	产量（kg/亩）				均值	标准差	变异系数%
	0	1	2	3			
N	586.34	721.25	804.11	802.30	728.50	102.35	14.05
P_2O_5	716.77	772.86	804.11	808.33	775.52	42.24	5.45
K_2O	760.40	747.22	804.11	798.62	777.59	28.07	3.61

5.3.2 肥料效应函数配置及施肥参数计算

1. 三元二次肥料效应函数配置

肥料效应方程（也称为施肥模型）是模拟施肥量和产量之间数量关系的一种数学模型[28]，应用此模型可以指导精准施肥。运用 DPS 系统对肥料组合进行多元回归分析，并利用当前的肥料和玉米价格：N 为 4.40 元/kg、P_2O_5 为 5.80 元/kg、K_2O 为 5.60 元/kg、玉米为 1.08 元/kg，建立三元二次肥料效应函数方程：$Y = b_0 + b_1N + b_2P + b_3K + b_4NP + b_5NK + b_6PK + b_7N^2 + b_8P^2 + b_9K^2$ 对玉米施肥模型进行拟合。通过对函数方程求解，得到回归统计表、方差分析表、回归检验系数。

表 5 - 4   **回 归 统 计 表**

统计名称	统计值	统计名称	统计值
复相关系数 R	0.9807	标准误差	27.03
复测定系数 R^2	0.9618	观测值	14
调整后的复测定系数 R^2	0.8759		

表 5 - 4 中，复相关系数 $R = 0.9807$，表明自变量 x 与因变量 y 之间的关系为高度正相关；复测定系数 $R^2 = 0.9618$，表明用自变量可以解释因变量变差的 96.18%，拟合程度较好；调整后的复测定系数 $R^2 = 0.8759$，表明自变量能说明因变量 y 的 87.59%，因变量 y 的 12.41% 要由其他因素来解释。

表 5 - 5   **回归分析方差分析表**

	df	SS	MS	F	显著性
回归分析	9	73609.11	8178.79	11.1947	0.0165
残差	4	2922.64	730.66		
总计	13	76531.75			

表 5 - 5 中 Significance F（F 显著性统计量）的值为 0.0165，小于显著性水平 0.05，所以该回归方程回归效果显著，方程中至少有一个回归系数显著不为 0，即存在真实的三

元二次非线性回归方程。

表 5 - 6　　　　　　　　　　　回归方程回归系数检验

序列值	Coefficients	t Stat	Sig.
Intercept	563.73	20.9559	0
x_1	138.38	2.5464	0.0636
x_2	37.87	0.6970	0.5242
x_3	15.97	0.2937	0.7836
x_4	12.96	0.5268	0.6262
x_5	9.95	0.4047	0.7064
x_6	3.62	0.1471	0.8901
x_7	-38.42	-3.5418	0.0240
x_8	-15.13	-1.3952	0.2354
x_9	-9.13	-0.8411	0.4477

由表 5 - 6 得到三元二次肥料效应回归方程如下，由此计算得到的最高产量及其施肥量与最佳经济产量及其施肥量见表 5 - 7 和表 5 - 8。

$$Y = 563.73 + 138.38N + 37.87P + 15.97K + 12.96NP + 9.95NK + 3.62PK - 38.42N^2 - 15.13P^2 - 9.13K^2 。$$

方程中 x_1（$t = 2.5464$）、x_2（$t = 0.6970$）、x_3（$t = 0.2937$）的一次项为正表明单独增加氮、磷、钾对玉米产量有增加作用；交互项系数为正，表示氮、磷、钾的交互作用是微弱正效应；二次项的系数为负，说明过多的氮、磷、钾投入并不利于玉米增产。同时，三个因素相比，进一步证明氮对玉米产量的影响大于磷、钾的影响（氮 t＞磷 t＞钾 t）。

2．二元二次肥料效应函数配置

通过处理（4）～（10）和（14）建立以 N_2 水平为基础的磷、钾二元二次肥料效应函数方程；通过处理（2）、（3）、（6）、（8）～（11）与（13）建立以 P_2 水平为基础的氮、钾二元二次肥料效应函数方程；通过处理（2）～（7）、（11）与（12）建立以 K_2 水平为基础的氮、磷二元二次肥料效应函数方程。另连同处理（1）（$N_0P_0K_0$）组成 9×6 阶的矩阵设计方案来配置三种二元二次肥料效应函数。运用 DPS 数据处理系统计算得出二元二次肥料效应回归方程如下，由此计算得到的最高产量及其施肥量与最佳经济产量及其施肥量见表 5 - 7 和表 5 - 8。

氮、磷处理二元二次肥料效应回归方程：

$$Y = 563.595 + 1.933N + 1.153P + 0.006NP - 0.006N^2 - 0.012P^2 \quad (R^2 = 0.993, F = 81.670, sig = 0.002)$$

氮、钾处理二元二次肥料效应回归方程：

$$Y = 566.409 + 2.055N + 0.648K + 0.002NK - 0.006N^2 - 0.005K^2 \quad (R^2 = 0.967, F = 17.733, sig = 0.020)$$

磷、钾处理二元二次肥料效应回归方程：

$Y = 569.977 + 3.492P + 2.716K - 0.018PK - 0.014P^2 - 0.009K^2$ （$R^2 = 0.917$，$F = 6.606$，sig $= 0.076$）

由三种二元二次肥料效应回归方程可知，氮磷和氮钾对玉米产量均表现为正的交互作用，其中氮磷的交互作用较大。磷钾对玉米产量表现为负的交互作用，即磷肥与钾肥配合使用不利于玉米产量的增加。且过多的氮、磷、钾投入均不利于玉米增产。

3. 一元二次肥料效应函数配置

通过处理（2）、（3）、（6）和（11）建立 N 处理一元二次肥料效应函数方程；通过处理（4）～（7）建立 P 处理一元二次肥料效应函数方程；通过处理（8）、（9）、（6）和（10）建立 K 一元二次肥料效应函数方程。另连同处理（1）（$N_0P_0K_0$）配置氮、磷、钾一元二次肥料效应函数。计算得出一元二次肥料效应回归方程如下，由此计算得到的最高产量及其施肥量与最佳经济产量及其施肥量见表 5 - 7 和表 5 - 8。

N 处理一元二次肥料效应回归方程：

$Y = 572.452 + 2.365N - 0.006N^2$ （$R^2 = 0.993$，$F = 142.651$，sig $= 0.007$）

P 处理一元二次肥料效应回归方程：

$Y = 640.122 + 4.280P - 0.026P^2$ （$R^2 = 0.703$，$F = 2.370$，sig $= 0.297$）

K 处理一元二次肥料效应回归方程：

$Y = 659.156 + 3.221K - 0.018K^2$ （$R^2 = 0.499$，$F = 0.998$，sig $= 0.501$）

从函数统计检验看，一元肥料效应回归方程显著性较二元与三元肥料效应回归方程明显降低。

4. 多种肥料效应函数分析

将各类效应函数计算的施肥决策信息集中起来，大大增加了这些信息的科学性和代表性[29]。在多种肥料效应函数最高产量（见表 5 - 7）中，NP 处理肥料效应函数获得的产量最高，P 处理肥料效应函数投入的肥料成本最低，PK 处理肥料效应函数产投比最高。

就三元二次肥料效应函数而言，其获得的产量相对较高，但是投入的肥料成本最高，产投比最低。在三种二元二次肥料效应函数中，NP 处理肥料效应函数获得的产量最高，但是投入的肥料成本相对较高，产投比相对较低；PK 处理肥料效应函数获得的产量最低，但是投入的肥料成本最低，产投比最高。在三种一元二次肥料效应函数中，P 处理一元二次肥料效应函数获得的最高产量，投入的肥料成本最低，产投比最高。

表 5 - 7　　　　　　　　　　多种肥料效应函数最高产量表

函数类型	最高产量/ (kg/亩)	施肥量/（kg/亩）			肥料成本/ (元/亩)	产投比
		N	P_2O_5	K_2O		
NPK	819.65	14.01	6.52	6.83	137.70	6.43
NP	821.98	13.87	6.63	4.80	126.33	7.03
NK	812.09	13.65	4.80	7.20	128.23	6.84
PK	807.38	10.67	5.49	4.59	104.51	8.34
N	811.60	13.49	4.80	4.80	114.05	7.69
P	819.41	10.67	5.58	4.80	106.20	8.33

函数类型	最高产量/ (kg/亩)	施肥量/（kg/亩）			肥料成本/ （元/亩）	产投比
		N	P$_2$O$_5$	K$_2$O		
K	805.48	10.67	4.80	6.06	108.69	8.00
平均	813.94	12.43	5.52	5.58	117.96	7.52

在多种肥料效应函数最佳经济产量（见表 5－8）中，P 处理肥料效应函数获得的产量最高，PK 处理肥料效应函数投入的肥料成本最低、产投比最高。

就三元二次肥料效应函数而言，其获得的产量相对较低，投入的肥料成本也相对较低，但是产投比相对较高，仅略低于 PK 处理肥料效应函数。在三种二元二次肥料效应函数中，NP 处理肥料效应函数获得的产量最高，投入的肥料成本最高，产投比最低；PK 处理肥料效应函数获得的产量相对较高，但是投入的肥料成本最低，产投比最高。在三种一元二次肥料效应函数中，P 处理一元二次肥料效应函数获得的最高产量，投入的肥料成本最低，产投比最高。

表 5－8　　　　　　　　　　　　**多种肥料效应函数最佳经济产量表**

函数类型	最佳经济产量/ （kg/亩）	施肥量/（kg/亩）			肥料成本/ （元/亩）	产投比
		N	P$_2$O$_5$	K$_2$O		
NPK	801.12	10.98	4.58	4.07	97.67	8.86
NP	813.24	11.61	5.08	4.80	107.46	8.17
NK	800.63	11.50	4.80	4.51	103.67	8.34
PK	804.09	10.67	5.32	3.50	97.42	8.91
N	808.44	11.94	4.80	4.80	107.24	8.14
P	818.15	10.67	5.12	4.80	103.49	8.54
K	803.80	10.67	4.80	5.41	105.05	8.26
平均	807.07	11.15	4.93	4.55	103.14	8.46

从高产角度看，可在配施有机肥的基础上，选择 NP 处理二元二次肥料效应函数模型（最高产量），施 N 13.87kg/亩、P$_2$O$_5$ 6.63kg/亩、K$_2$O 4.80kg/亩，可以获得最高产量 821.98kg/亩，投入肥料价值为 126.33 元，产投比 7.03；从高产投比角度看，可以在配施有机肥的基础上，选择 PK 处理二元二次肥料效应函数模型（最佳经济产量），施 N 10.67kg/亩、P$_2$O$_5$ 5.32kg/亩、K$_2$O 3.50kg/亩，可以获得最佳经济产量 804.09kg/亩，投入肥料价值为 97.42 元，产投比为 8.91；从统计学角度看，三元二次肥料效应函数模型包含了氮、磷、钾三种因素，属全因子模型，获得结果更具代表性，故推荐施 N 10.98kg/亩、P$_2$O$_5$ 4.58kg/亩、K$_2$O 4.07kg/亩，可以获得最佳经济产量 801.12kg/亩，投入肥料价值为 97.67 元，产投比为 8.86。

重复以上运算过程，分别得出 2017 年、2018 年三元二次肥料效应函数模型推荐亩均施肥量，见表 5－9。

表 5-9 不同年份吉林西部玉米膜下滴灌施肥量表

序号	年份	施肥量/（kg/亩）			最高产量/（kg/亩）
		N	P_2O_5	K_2O	
1	2016	11.00	4.60	4.07	801.13
2	2017	14.47	3.60	3.93	768.53
3	2018	13.27	4.60	4.00	767.07
4	平均	12.93	4.27	4.00	

5.4 试验结论

通过建立多元肥料效应函数模型并求解，得出不同年份最高产量下的最佳肥料耦合量为 N 12.93kg/亩、P_2O_5 4.27kg/亩、K_2O 4.00kg/亩。

第6章 玉米膜下滴灌水肥
一体化技术研究

6.1 试验目的

为了进一步研究水肥一体化对玉米膜下滴灌产量的影响,在已确定的玉米膜下滴灌灌溉定额及施肥量的基础上,选取对玉米膜下滴灌产量的影响较大的总灌水量、氮和磷在不同的生育阶段进行分配,分析玉米在水肥耦合条件下的产量效应,研究建立最佳水肥高效耦合模型,从而制定玉米膜下滴灌条件下高产、高效的水肥灌溉制度。

6.2 试验设计

试验设在核心示范区大田进行,采用不同时间施水、氮、磷的水肥耦合三因素五水平通用旋转组合设计方案。研究不同灌溉水量、施氮量、施磷量对玉米生长发育、生理及产量的影响,提出不同产量下的水氮磷优化组合方案。灌溉水肥耦合试验水平处理编码表见表 6-1、表 6-2。

表 6-1 灌溉水肥耦合试验水平处理编码表

序号	项目	试验因子 $\gamma=1.682$		
		灌溉定额/（m³/亩）	N/（kg/亩）	P_2O_5/（kg/亩）
1	水平上下限	60～80	10.93～13.93	3.60～4.94
2	零水平 X_0（0）	70	12.93	4.27
3	变化半径 Δ	10	2	0.67
4	$-\gamma$	53.18	9.57	3.14
5	-1	60	10.93	3.60
6	0	70	12.93	4.27
7	1	800	13.93	4.94
8	γ	86.82	16.29	5.40

表 6-2 水肥耦合三因素五水平通用旋转组合设计表

试验序号	常数列	试验因子			交互项			二次项		
		灌溉定额 X_1	N X_2	P_2O_5 X_3	X_1X_2	X_1X_3	X_2X_3	X_1^2	X_2^2	X_3^2
1	1	1	1	1	1	1	1	1	1	1

试验序号	常数列	试验因子			交互项			二次项		
		灌溉定额 X_1	N X_2	P_2O_5 X_3	X_1X_2	X_1X_3	X_2X_3	X_1^2	X_2^2	X_3^2
2	1	1	1	-1	1	-1	-1	1	1	1
3	1	1	-1	1	-1	1	-1	1	1	1
4	1	1	-1	-1	-1	-1	1	1	1	1
5	1	-1	1	1	-1	-1	1	1	1	1
6	1	-1	1	-1	-1	1	-1	1	1	1
7	1	-1	-1	1	1	-1	-1	1	1	1
8	1	-1	-1	-1	1	1	1	1	1	1
9	1	1.682	0	0	0	0	0	2.828	0	0
10	1	-1.682	0	0	0	0	0	2.828	0	0
11	1	0	1.682	0	0	0	0	0	2.828	0
12	1	0	-1.682	0	0	0	0	0	2.828	0
13	1	0	0	1.682	0	0	0	0	0	2.828
14	1	0	0	-1.682	0	0	0	0	0	2.828
15	1	0	0	0	0	0	0	0	0	0
16	1	0	0	0	0	0	0	0	0	0
17	1	0	0	0	0	0	0	0	0	0
18	1	0	0	0	0	0	0	0	0	0
19	1	0	0	0	0	0	0	0	0	0
20	1	0	0	0	0	0	0	0	0	0

6.3 试验结果分析

6.3.1 不同处理对产量的影响

通过田间测产，求得各处理下的玉米产量。由表 6 - 3 可知，零水平下产量偏高，最高产量为处理 15 的 781.66kg/亩；处理 12 的产量最低，仅为 634.43kg/亩。

表 6 - 3　　　　　　　　　　　**不同处理下玉米产量指标表**

试验序号	灌溉定额	N	P_2O_5	K_2O	产量/（kg/亩）
1	1	1	1	0	732.00
2	1	1	-1	0	689.54
3	1	-1	1	0	680.19

续表

试验序号	灌溉定额	N	P_2O_5	K_2O	产量/（kg/亩）
4	1	−1	−1	0	649.06
5	−1	1	1	0	726.27
6	−1	1	−1	0	735.98
7	−1	−1	1	0	709.41
8	−1	−1	−1	0	645.74
9	1.682	0	0	0	775.71
10	−1.682	0	0	0	725.41
11	0	1.682	0	0	756.64
12	0	−1.682	0	0	634.43
13	0	0	1.682	0	775.95
14	0	0	−1.682	0	730.66
15	0	0	0	0	781.66
16	0	0	0	0	779.52
17	0	0	0	0	754.70
18	0	0	0	0	748.71
19	0	0	0	0	750.75
20	0	0	0	0	732.65

6.3.2　三元二次水肥效应函数配置

建立灌溉水量与 N、P 的三元二次通用旋转组合矩阵，并运用 SPSS 软件系统对水肥组合进行回归分析，求得三元二次回归分析方程：

$$Y = 759.15 + 1.32I + 29.65N + 14.92K - 1.85IN + 2.45IP - 7.76NP - 10.14I^2 - 29.60N^2 - 9.17P^2$$

在固定施钾水平情况下，求得灌溉水量、施氮量、施磷量水平分别为 0.11、0.41、0.65，即当玉米膜下滴灌获得最佳预测产量 770.19kg/亩时的灌溉水量为 71.10m³/亩、N 13.75kg/亩、P_2O_5 4.71kg/亩。

方程中 W、N、P 的一次项系数均为正数，表明单独增加灌溉水量、氮、磷对玉米产量有增加作用；二次项系数均为负数，说明过多的灌溉与施肥并不利于玉米增产。

6.3.3　水肥灌溉制度建立

利用第 6.3.1～第 6.3.2 节计算结果，综合分析后确定吉林西部玉米膜下滴灌水肥耦合量为：灌溉定额（平水年）70m³/亩、N 13kg/亩、P_2O_5 5kg/亩、K_2O 4kg/亩，比例为 W：N：P：K=17.5：3.25：1.25：1。

表 6-4　　　　　　吉林西部玉米膜下滴灌条件下水肥灌溉制度表（平水年）

序号	名称	播种出苗期	苗期	拔节期	抽雄吐丝期	灌浆期	乳熟期	合计
灌溉水量/ （m³/亩）	I	—	—	10	30	15	15	70
施肥量/ （kg/亩）	N	2.5	—	4	2.5	4	—	13
	P_2O_5	5	—	—	—	—	—	5
	K_2O	4	—	—	—	—	—	4

6.4　试验结论

通过田间水耦合试验，得出试验区平水年最佳水肥耦合量，进一步验证第 6.3.1 节、第 6.3.2 节中研究建立的高效灌溉制度及多元肥料效应函数模型计算结果的准确性，并制定了适用于吉林省西部地区的高效水肥灌溉制度。

参 考 文 献

［1］ 王一民，虎胆·吐马尔白，张金珠，等. 膜下滴灌不同灌溉定额及灌水周期对棉花生长和产量的影响［J］. 新疆农业科学，2010，47（9）：1765 - 1769.

［2］ 俞建河，丁必然，张广群，等. 夏玉米不同地下水位埋深条件的耗水量及其产量的关系［J］. 节水灌溉. 2012，1：31 - 33.

［3］ 刘坤，郑旭荣，任政，等. 作物水分生产函数与灌溉制度的优化［J］. 石河子大学学报（自然科学版），2004，22（5）：383 - 385.

［4］ 司昌亮，卢文喜，侯泽宇，等. 水稻各生育阶段分别受旱条件下产量及敏感系数差异性研究［J］. 节水灌溉，2013，（7）：10 - 12，15.

［5］ Minhas B S, et al. Towards the structure of production function of wheat yields with dated in－puts of irrigation water［J］. Water Resources Research，1974，3（10）：333 - 343.

［6］ 彭致功，刘钰，许迪，等. 基于 RS 数据和 GIS 方法的冬小麦水分生产函数估算［J］. 农业机械学报，2014，45（8）：167 - 171.

［7］ 罗遵兰，冯绍元，左海萍. 河北省夏玉米水分生产函数模型初步分析［J］. 节水灌溉，2006，（1）：17 - 19.

［8］ 崔远来，茆智，李远华. 水稻水分生产函数时空变异规律研究［J］. 水科学进展，2002，12（4）：484 - 491.

［9］ 翟胜，梁银丽，王巨媛，等. 干旱半干旱地区日光温室黄瓜水分生产函数的研究［J］. 农业工程学报，2005，21（4）：136 - 139.

［10］ 沈荣开，张瑜芳，黄冠华. 作物水分生产函数与农田非充分灌溉研究评述［J］. 水科学进展，1995，6（3）：248 - 254.

［11］ 云文丽，侯琼，李建军，等. 基于作物系数与水分生产函数的向日葵产量预测［J］. 应用气象学报，2015，26（6）：705 - 713.

［12］ 李霆. 石羊河流域主要农作物水分生产函数及优化灌溉制度的初步研究.

［13］ 李洪斌，张杨珠，胡日生，等. 湘中南地区烟稻轮作条件下烟草作物的施肥效应与肥料效应函数研究［J］. 中国农学通报，2013，29（24）：74－84.

［14］ 王玉杰，张大克. 多元肥料效应函数模型的优化方法［J］. 生物数学学报，2002，17（1）：74－77.

［15］ 章明清，李娟，孔庆波，等. 作物肥料效应函数模型研究进展与展望［J］. 土壤学报，2016，53（6）：1343－1356.

［16］ 赵斌，王勇，路钰，等. 多元二次肥料效应函数极值的判别及函数优化［J］. 杂粮作物，2001，21（2）：42－45.

［17］ 关宁. 多元肥料效应函数模型研究［D］. 长春：吉林农业大学，硕士学位论文. 2012.

［18］ 战秀梅，韩晓日，王帅，等. 应用"3414"肥料试验模型求解春玉米施肥参数的研究［J］. 河南农业科学，2009，（1）：51－54，63.

［19］ 杨俐苹，白由路，王贺，等. 测土配方施肥指标体系建立中"3414"试验方案应用探讨［J］. 植物营养与肥料学报，2011，17（4）：1018－1023.

［20］ 戴树荣. 应用"3414"试验设计建立二次肥料效应函数寻求马铃薯氮磷钾适宜施肥量的研究［J］. 中国农学通报，2010，26（12）：154－159.

［21］ 娄春荣，董环，王秀娟，等. 辽宁省花生"3414"肥料试验施肥模型探讨［J］. 土壤通报，2008，39（4）：892－895.

［22］ 何琳，娄翼来，戴继光，等. 肥料效应函数法获得测土配方施肥参数的研究［J］. 农业技术与装备，2008，（6）：11－13.

［23］ 岳素清. 基于"3414"田间试验肥料效应函数的建立与应用研究［D］. 呼和浩特：内蒙古农业大学，硕士学位论文，2008.

［24］ 王圣瑞，陈新平，高祥照，等. "3414"肥料试验模型拟合的探讨［J］. 植物营养与肥料学报，2002，8（4）：409－413.

［25］ 郑加兴，王兵伟，谭永媛，等. 基于"3414"试验的玉米杂交种桂单162优化施肥方案［J］. 南方农业学报，2016，47（10）：1688－1692.

［26］ 农业部种植业管理司，全国农业技术推广服务中心. 测土配方施肥技术问答［M］. 北京：中国农业出版社，2005：39－41.

［27］ 迟凤琴，宿庆瑞，王鹤桥，等. 玉米对不同肥力五种土壤依存率的研究［J］. 黑龙江农业科学，1996（6）：4－6.

［28］ 宋晓梅，蒋太明，刘洪斌，等. 基"3414"田间试验的水稻施肥模型的研究［J］. 西南大学学报（自然科学版），2010，32（9）：94－99.

［29］ 朱涛，张中原，李金凤，等. 应用二次回归肥料试验"3414"设计配置多种肥料效应函数功能的研究［J］. 沈阳农业大学学报，2004－06，35（3）：211－215.

第三篇
玉米节水配套农艺
关键技术

第7章 高水分利用效率玉米品种筛选

课题组从玉米节水配套农艺关键技术研究入手，几年来，开展了高水分利用效率玉米品种筛选、水肥高效型土壤培育技术、农田减蒸增墒、土壤墒情监测与灌水预报等关键节水配套农艺技术研究工作，构建了玉米节水配套农艺高效技术模式，并进行示范推广。

7.1 试验目的

筛选出适宜半干旱地区膜下滴灌种植的高水分利用效率、优质、高产玉米品种。

7.2 试验设计

7.2.1 试验地点

试验地点设在吉林省西部地区的乾安县赞字乡父字村，属于半干旱生态类型，中温带大陆性季风气候，光热资源充足，年平均日照时数为 2867h，年均气温为 5.6℃，≥10℃积温为 2885℃，平均无霜期为 146d。气候特点是干旱多风，年有效降水量不足 300mm，蒸发量为 1875mm。土壤类型为黑钙土，耕层 0～20cm 基本肥力水平，碱解氮 126.7 mg/kg、速效磷 26.3mg/kg、速效钾 125.3mg/kg、有机质 1.66 %、pH 值 8.20。

7.2.2 试验材料

供试玉米品种共 37 个，见表 7-1。

表 7-1　　　　　　　　供 试 品 种

序号	品种名称	序号	品种名称	序号	品种名称	序号	品种名称
1	选玉 315	9	先玉 335（CK）	17	天农 9	25	平安 169
2	农华 032	10	农华 106	18	吉单 550	26	恒宇 709
3	宏兴 28	11	农华 206	19	吉单 631	27	原单 68
4	鑫鑫 1 号	12	华旗 338	20	吉单 50	28	原单 29
5	鑫鑫 2 号	13	华科 100	21	君达 9	29	长大 19
6	武玉 2 号	14	吉单 559	22	君达 16	30	京科 968
7	先正达 408	15	吉单 69	23	吉单 68	31	农华 101
8	郑单 958	16	吉单 558	24	吉农大 935	32	良玉 11

序号	品种名称	序号	品种名称	序号	品种名称	序号	品种名称
33	良玉 188	35	先玉 023	37	利民 33	—	—
34	迪卡 516	36	良玉 99	—	—	—	—

7.2.3 田间试验方案

试验设干旱胁迫与正常供水处理，正常供水处理的土壤含水量为田间持水量的 75%～90%，干旱胁迫处理的土壤含水量为田间持水量的 50%～70%。玉米生育期内灌水量按照表 7-2 实施，小区面积 5m²，三次重复，种植密度 7.5 万株/hm²，其他生产条件及管理措施一致。

表 7-2　　　　　　　　　　土 壤 田 间 持 水 量 表　　　　　　　　　　单位：%

处理	苗期	拔节期	大喇叭口期	灌浆期	乳熟期
正常供水	70	80	85	90	70
干旱胁迫	50	60	65	70	50

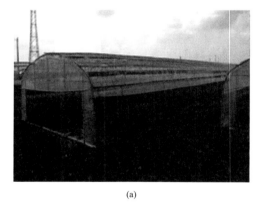

(a)　　　　　　　　　　　　　　　　　　(b)

图 7-1　高水分利用效率品种筛选试验

7.2.4 测试项目

水分利用效率，$WUE=$ 产量/需水量。

抗旱指数，$DI = (Y_a)^2 \times Y_m^{-1} \times Y_M \times (Y_A)^{-2}$；抗旱指数 ≥1.20 抗旱性极强（HR），抗旱指数 1.00～1.19 抗旱性强（R）；抗旱指数 0.80～0.99 抗旱性中等（MR）；抗旱指数 0.60～0.79 抗旱性弱（S）；抗旱指数 ≤0.59 抗旱性极弱（HS）；Y_d 为旱处理产量，Y_m 水处理产量，Y_M 对照品种水处理产量，Y_A 为对照品种旱处理产量。

物候期、病虫害调查、玉米产量构成。

7.3　试验结果分析

7.3.1　不同玉米品种的水分利用效率

由表 7-3 可知，37 个供试品种水分利用效率为 1.77～3.23kg/m³，水分利用效率差异达 83.6%，水分利用效率与产量呈正相关，$y=498.4x+29.11$，$R=0.999$。单产超过先玉 335（CK）的玉米品种有 4 个，分别为农华 101、京科 968、吉单 558、良玉 188，水分利用效率 3.04～3.23kg/m³，比对照先玉 335 增产 1.3%～7.5%。

表 7-3　玉米水分利用效率及产量构成

品种名称	穗长/cm	穗行数/行	行粒数/粒	百粒重/g	水分利用效率/（kg/m³）	产量/（kg/亩）	增产/%	位次
农华 101	17.32	18.2	31.0	38.1	3.23	862.27	7.5	1
京科 968	16.5	17.2	30.5	36.3	3.16	842.80	5.1	2
吉单 558	20.7	18.6	35.3	37.1	3.10	826.93	3.1	3
良玉 188	16.45	18.0	32.7	36.0	3.04	812.40	1.3	4
先玉 335（CK）	17.97	17.8	33.0	35.4	3.01	802.20	—	5
恒宇 709	19.58	15.4	38.7	38.7	2.98	795.87	—	6
吉单 631	19.55	19.0	35.9	37.5	2.97	791.93	—	7
利民 33	16.8	17.6	36.0	35.0	2.90	772.80	—	8
鑫鑫 2 号	17.03	14.8	30.7	36.6	2.90	772.40	—	9
农华 206	18.36	16.2	37.5	35.4	2.82	751.73	—	10
农华 032	18.7	17.8	34.7	37.4	2.77	738.47	—	11
华旗 338	15.78	17.8	29.3	37.9	2.70	720.20	—	12
天农 9	19.28	19.2	37.4	35.0	2.69	716.87	—	13
鑫鑫 1 号	17.78	15	34.2	37.1	2.68	716.13	—	14
武玉 2 号	18.02	16.2	36.5	37.9	2.68	714.40	—	15
华科 100	16.30	18	30.9	37.6	2.66	710.33	—	16
君达 16	18.68	16	40.1	35.6	2.64	705.13	—	17
吉单 50	16.68	15.6	32.3	39.9	2.61	697.07	—	18
吉农大 935	20.69	18.2	37.1	35.1	2.60	693.67	—	19
郑单 958	15.92	17.2	30.4	35.5	2.58	687.33	—	20
原单 68	18.96	16.6	31.1	35.4	2.58	687.27	—	21
吉单 550	17.88	18.6	33.4	35.0	2.55	681.47	—	22
良玉 99	15.23	18	30.4	31.7	2.52	672.40	—	23

续表

品种名称	穗长/cm	穗行数/行	行粒数/粒	百粒重/g	水分利用效率/(kg/m³)	产量/(kg/亩)	增产/%	位次
选育东 315	18.75	15.4	34.0	37.2	2.50	665.67	—	24
原单 29	19.23	16.8	35.2	35.8	2.47	659.80	—	25
先玉 023	17.10	15.4	31.9	35.6	2.46	657.60	—	26
良玉 11	16.15	18.2	29.0	35.4	2.46	657.27	—	27
农华 106	13.81	19.0	27.3	37.1	2.43	648.53	—	28
宏兴 28	16.47	17.8	30.7	32.6	2.42	645.67	—	29
长大 19	18.81	16.2	35.1	33.5	2.37	632.47	—	30
迪卡 516	17.37	15.4	35.4	32.8	2.34	624.07	—	31
君达 9	15.93	19.2	34.1	31.9	2.25	599.60	—	32
先正达 408	17.74	14.2	31.0	37.8	2.22	591.00	—	33
吉单 69	17.39	17.0	31.9	35.0	2.20	586.47	—	34
吉单 68	15.71	15.6	32.2	35.7	2.15	573.00	—	35
吉单 559	17.44	16.4	35.2	36.0	2.14	570.00	—	36
平安 169	17.81	16.2	35.5	36.8	1.77	473.07	—	37

7.3.2 不同玉米品种抗旱指数

抗旱指数高者，不仅抗旱性强，还在旱地产量高，说明抗旱指数既能反映不同种植条件下品种稳产性，又能体现品种在旱地条件下的产量水平。应用抗旱指数作为作物抗旱性鉴定指标中最为直观、最为可靠、最接近生产实际、最适宜于抗旱育种和区试工作采用的综合性指标，已广泛应用作物抗旱性鉴定中[1-3]。

由表 7-4 可知，抗旱指数 $DI \geqslant 1.00$、抗旱性强（R）以上的玉米品种有 8 个，分别为郑单 958、良玉 188、农华 101、利民 33、鑫鑫 2 号、恒宇 709、吉单 558、京科 968。

表 7-4 不同玉米品种的抗旱指数

品种名称	DI	品种名称	DI	品种名称	DI
郑单 958	1.15	农华 206	0.94	选育东 315	0.83
良玉 188	1.12	农华 032	0.92	原单 29	0.82
农华 101	1.07	天农 9	0.89	农华 106	0.81
利民 33	1.07	鑫鑫 1 号	0.89	宏兴 28	0.8
鑫鑫 2 号	1.06	武玉 2 号	0.89	君达 9	0.75
恒宇 709	1.06	华科 100	0.89	先正达 408	0.74
吉单 558	1.03	迪卡 516	0.89	吉单 69	0.73
京科 968	1.02	君达 16	0.88	吉单 68	0.71
先玉 335（CK）	1.00	吉单 50	0.87	吉单 559	0.71
吉单 631	0.99	先玉 023	0.87	华旗 338	0.67
吉单 550	0.99	吉农大 935	0.86	平安 169	0.54
长大 19	0.99	原单 68	0.86		
良玉 11	0.96	良玉 99	0.84		

7.3.3　不同玉米品种的物候期

试验播种日期为 5 月 13 日，出苗日期为 5 月 21—22 日，抽雄吐丝期为 7 月 20—27 日，成熟期在 9 月 20—30 日。供试品种物候期比先玉 335（CK）早熟 1～7d 或晚熟 1～3d，均可以在当地气候条件在达到生理成熟，见表 7－5。

表 7－5			供试品种的物候期调查表				
品种名称	播种日期/ （月-日）	出苗日期/ （月-日）	抽雄日期/ （月-日）	吐丝日期/ （月-日）	成熟日期/ （月-日）	生育 日数	比对照早或晚/ d
选玉 315	05－13	05－21	07－23	07－24	09－26	128	0
农华 032	05－13	05－22	07－25	07－26	09－28	129	＋1
宏兴 28	05－13	05－21	07－24	07－25	09－29	131	＋3
鑫鑫 1 号	05－13	05－22	07－25	07－26	09－21	122	－6
鑫鑫 2 号	05－13	05－22	07－25	07－25	09－20	121	－7
武玉 2 号	05－13	05－22	07－24	07－25	09－30	131	＋3
先正达 408	05－13	05－22	07－25	07－26	09－24	125	－3
郑单 958	05－13	05－21	07－25	07－26	09－26	128	0
先玉 335（CK）	05－13	05－21	07－25	07－25	09－26	128	0
农华 106	05－13	05－21	07－24	07－25	09－28	129	＋1
农华 206	05－13	05－21	07－25	07－25	09－25	127	－1
华旗 338	05－13	05－22	07－24	07－25	09－26	127	－1
华科 100	05－13	05－21	07－25	07－26	09－27	129	＋1
吉单 559	05－13	05－21	07－23	07－24	09－26	128	0
吉单 69	05－13	05－21	07－20	07－22	09－27	126	－2
吉单 558	05－13	05－21	07－24	07－25	07－28	130	＋2
天农 9	05－13	05－22	07－25	07－26	09－28	129	＋1
吉单 550	05－13	05－21	07－24	07－25	09－27	129	＋1
吉单 631	05－13	05－21	07－22	07－24	09－26	128	0
吉单 50	05－13	05－21	07－23	07－25	09－25	127	－1
君达 9	05－13	05－21	07－22	07－23	09－28	130	＋2
君达 16	05－13	05－22	07－25	07－26	09－29	130	＋2
吉单 68	05－13	05－21	07－25	07－25	09－26	128	0
吉农大 935	05－13	05－21	07－22	07－23	09－26	128	0
平安 169	05－13	05－22	07－24	07－25	09－28	129	＋1
恒宇 709	05－13	05－22	07－23	07－24	09－28	129	＋1
原单 68	05－13	05－21	07－25	07－26	09－24	128	0
原单 29	05－13	05－21	07－25	07－26	09－26	127	－1
长大 19	05－13	05－22	07－23	07－25	09－25	126	－2
京科 968	05－13	05－22	07－25	07－26	09－27	128	0

品种名称	播种日期/（月-日）	出苗日期/（月-日）	抽雄日期/（月-日）	吐丝日期/（月-日）	成熟日期/（月-日）	生育日数	比对照早或晚/d
农华101	05-13	05-21	07-23	07-25	09-26	128	0
良玉11	05-13	05-21	07-23	07-24	09-28	130	+2
良玉188	05-13	05-21	07-23	07-25	09-27	129	+1
迪卡516	05-13	05-22	07-25	07-26	09-27	128	0
先玉023	05-13	05-21	07-21	07-23	09-25	127	-1
良玉99	05-13	05-21	07-20	07-23	09-28	130	+2
利民33	05-13	05-21	07-23	07-24	09-26	128	0

注："＋"比对照品种晚成熟天数，"－"比对照品种早成熟天数。

7.3.4 不同玉米品种的病虫害发生情况

供试品种叶斑病发生较轻，仅华旗338、迪卡516发生程度为3级，其他37个品种发生程度为2级；丝黑穗病发生较轻，仅鑫鑫1号发生率为1.11%，其他无发病症状，青枯病、黑粉病、茎腐病基本没有发生；螟虫折茎发生轻微，鑫鑫1号发生率0.82%，武玉2号发生率1.87%，郑单958发生率0.56%，其他品种无发病症状，见表7-6。

表7-6　　　　　　　　病虫害发生调查表

品种名称	叶斑病级	丝黑穗病/%	螟虫折茎/%	品种名称	叶斑病级	丝黑穗病/%	螟虫折茎/%
选玉315	2	0	0	吉单50	2	0	0
农华032	2	0	0	君达9	2	0	0
宏兴28	2	0	0	君达16	2	0	0
鑫鑫1号	2	1.11	0.82	吉单68	2	0	0
鑫鑫2号	2	0	0	吉农大935	2	0	0
武玉2号	2	0	1.87	平安169	2	0	0
先正达408	2	0	0	恒宇709	2	0	0
郑单958	2	0	0.56	原单68	2	0	0
先玉335（CK）	2	0	0	原单29	2	0	0
农华106	2	0	0	长大19	2	0	0
农华206	2	0	0	京科968	2	0	0
华旗338	3	0	0	农华101	2	0	0
华科100	2	0	0	良玉11	2	0	0
吉单559	2	0	0	良玉188	2	0	0
吉单69	2	0	0	迪卡516	3	0	0
吉单558	2	0	0	先玉023	2	0	0
天农9	2	0	0	良玉99	2	0	0
吉单550	2	0	0	利民33	2	0	0
吉单631	2	0	0				

7.4　试验结论

通过种植高水分利用效率抗旱品种实现进一步节水增产。在干旱频率和受旱灾面积逐年增加趋势下，筛选与种植节水抗旱型品种，将成为解决干旱、半干旱地区水资源短缺制约农业发展的有力手段。

（1）不同玉米品种水分利用效率差异较大，供试品种水分利用效率为 $1.77\sim3.23\text{kg}/\text{m}^3$，水分利用效率差异达 83.6%，水分利用效率与产量呈正相关，$y=498.4x+29.11$（$R=0.999$）。

（2）从产量、水分利用效率、抗旱性、熟期适应性、抗病虫害等方面综合考虑，筛选出 4 个适宜吉林省西部半干旱地区玉米膜下滴灌种植的高水分利用效率玉米品种：农华 101、京科 968、吉单 558、良玉 188，其水分利用效率 $3.04\sim3.23\text{kg}/\text{m}^3$，比对照先玉 335 水分利用效率提高 $0.03\sim0.22\text{kg}/\text{m}^3$，比对照先玉 335 增产 1.3%～7.5%。

第8章 半干旱区水肥高效型深松蓄水技术研究

针对吉林省西部地区农田土壤耕层浅、有机质含量低，土壤保水、保肥能力差的问题，开展深松蓄水、土壤有机培肥等水肥高效土壤培育技术研究，明确不同调控技术措施对土壤理化性状、生物性状及玉米产量的影响，提高土壤库容量、提高自然降水利用效率与农田土壤肥力水平。

8.1 试验目的

开展不同深松技术措施对土壤理化性状（结构、水分、养分等）、生物性状及玉米产量的影响，进一步明确深松技术措施对提高土壤肥力、建立土壤水库、提高自然降水利用效率的作用。

8.2 试验设计

试验地点设在前郭县乌兰图嘎镇万宝山村，土壤理化性状见表8-1。

表8-1　　　　　　　　　　供试土壤基本理化性状

肥力水平取土层次/cm	速效氮/（mg/kg）	速效磷/（mg/kg）	速效钾/（mg/kg）	土壤有机质/%	PH
0～20	81.11	63.07	121.02	1.04	6.68
20～40	51.44	6.12	70.62	0.73	7.40

本试验设3个处理：①常规种植；②播前全深松种植（30cm）；③常规种植＋雨季前行间深松（25～30cm）。每处理8行、长8m，3次重复，随机区组排列。每小区42m²，试验玉米品种为先玉335，播种密度6.0万株/公顷。全深松种植于播前进行，全深松深度30cm；雨季前行间深松于6月中、下旬进行。

8.3 试验结果分析

8.3.1 不同处理对土壤水分的影响

从播种到6月10日，全深松种植处理0～20cm土壤含水量低于常规种植1.9%～

3.3%，20～40cm 土壤含水量低于常规种植 1.5%～3.1%。但 6 月中旬后，土壤蓄水能力开始显现，全深松种植处理 0～20cm 土壤含水量高于常规种植 0.4%～4.8%，20～40cm 土壤含水量高于常规种植 0.8%～6.7%；7 月 23 日雨季前深松处理 0～20cm 土壤含水量高于常规种植 2.1%，高于全深松种植 0.4%；20～40cm 土壤含水量高于常规种植 1.1%，高于全深松种植 0.8%。土壤深松可打破犁底层，提高水分入渗率，增加土壤水含量。通过雨前深松，播前全深松可使雨水下渗，形成土壤水库，在 40～80cm 土层形成"储水库"，土壤含水量是未深松的 1.12 倍；全深松与雨前深松处理下土壤的蓄水能力明显增强，雨季前深松处理高于全深松（如图 8-1 所示）。

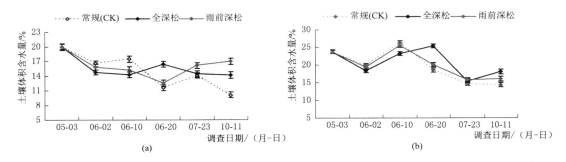

图 8-1　土壤体积含水量变化

8.3.2　不同处理对土壤物理性状的影响

土壤物理性状：雨前深松及全深松处理的 5～10cm 土壤硬度均低于常规种植，比常规种植降低 0.33～1.33mm；雨前深松 15～20cm 土层硬度比常规种植处理降低了 4.89mm；雨前深松与全深松的固相、液相及土壤容重均小于常规种植，气相高于常规种植，见表 8-2。

表 8-2　　　　　　深松蓄水各处理土壤物理性状变化

处理	土壤深度/cm	土壤硬度/mm	土壤含水量/%	固相/%	液相/%	气相/%	土壤容重/(g/cm³)
常规种植（CK）	5～10	15.22	11.83	61.86	10.63	27.51	1.34
	15～20	26.67	16.26	66.73	13.65	19.62	1.47
	25～30	28.22	14.34	67.22	13.14	19.64	1.50
雨前垄沟深松	5～10	14.89	17.27	59.07	10.36	30.57	1.23
	15～20	21.78	16.77	65.83	12.67	21.5	1.45
	25～30	27.33	16.03	64.62	12.39	22.99	1.42
播前全深松	5～10	13.89	12.12	60.96	8.79	30.25	1.28
	15～20	26.44	16.19	65.70	13.32	20.98	1.44
	25～30	25.56	18.12	62.28	13.19	24.53	1.38

8.3.3 不同处理对土壤养分状况的影响

在 0～20cm 土层中，雨前垄沟深松的速效氮含量比常规种植（CK）高 10.25mg/kg，播前全深松的速效氮含量比常规种植（CK）高 16.07mg/kg；雨前垄沟深松的速效磷含量比常规种植（CK）高 3.27mg/kg，播前全深松的速效氮含量比常规种植（CK）低 2.96mg/kg；雨前垄沟深松的速效钾含量比常规种植（CK）高 24.54mg/kg，播前全深松的速效钾含量比常规种植（CK）高 3.27mg/kg；雨前垄沟深松与播前全深松的有机质含量均比常规种植（CK）高，见表 8-3。

表 8-3 不同处理土壤养分含量变化

处理	取土层次/cm	速效氮/（mg/kg）	速效磷/（mg/kg）	速效钾/（mg/kg）	有机质/%
常规种植（CK）	0～20	72.36	11.60	86.28	1.32
	20～40	52.03	2.24	53.04	0.81
雨前垄沟深松	0～20	82.61	15.87	110.82	1.36
	20～40	52.88	2.25	51.76	0.82
播前全深松	0～20	88.43	8.74	89.53	1.40
	20～40	58.68	2.25	60.93	0.92

8.3.4 不同处理对生物量的影响

地上部生物量积累符合典型的 S 形曲线，可用 Richards 方程较好拟合，见表 8-4。

表 8-4 深松处理玉米地上部干物质积累的 Richards 模型参数

处理	R^2	A	B	C	D	T_{max}/d	W_{max}	G_{max}	R_0	P/d
深松	0.999	354.54	297.67	0.072	1.00	79.60	177.27	6.38	0.072	83.33
对照	0.995	346.58	488.09	0.077	1.00	80.02	173.34	6.67	0.077	77.92

生长速率最大时生长量，深松处理略高于对照，生长活跃时间深松比对照多 6d，而最大生长速率对照略高于深松处理。玉米叶片干物质积累量深松处理在抽雄吐丝期达到最大值，对照在乳熟期达到最大值，以后均缓慢平稳降低。深松处理根系干物重呈多峰曲线变化，而对照随生育进程的进行呈逐渐增加的变化趋势，除成熟期外，深松处理的根系干重均大于对照。根冠比值从拔节期到乳熟期呈快速下降的趋势，乳熟期到蜡熟期均有缓慢增加，而后又下降，成熟期除外，其他时期深松处理的比值均大于对照。

8.3.5　不同处理对水分利用效率及产量的影响

表 8 - 5　　　　　　　　　　深松提高水分利用效率

处理	6月1日—10月15日 0～40cm 土体蒸散量/ mm	水分利用效率/ （kg/m³）	水分利用效率提高 /%
雨前深松	315.88	3.07	7.5
常规种植（CK）	306.39	2.85	

注：水分利用效率＝产量/（秋收后土壤含水量－播种前土壤含水量＋玉米生育期灌水量）。

深松处理比常规种植（CK）水分利用效率提高 7.5%。

表 8 - 6　　　　　　　　　不同处理的产量及产量构成

处理	穗长/cm	秃尖长/cm	穗粒数/粒	百粒重/g	容重/（g/L）	平均产量/（kg/亩）
常规种植	17.0	3.2	498	35.23	741.0	603.20
雨前深松	16.8	3.2	532	35.40	749.0	653.00
全面深松	17.1	3.1	512	35.30	749.0	648.27

　　雨前深松使土壤在夏季贮存更多的降水，有利于玉米对土壤中的养分吸收，促进了玉米植株的生长发育，增加了生物产量，提高了水分利用效率和产量。雨前垄沟深松比常规种植增产 9.26%，播前全深松比常规种植增产 7.47%，见表 8 - 5、表 8 - 6。

8.4　试验结论

　　试验结果表明：雨前深松要好于春季全面深松，通过雨季来临前（6月中旬）垄沟深松（≥25cm），打破犁底层，夏季蓄存自然降雨，提高自然降水利用率，增加土壤保水蓄水能力。

　　（1）增加了土壤含水量，0～100cm 土壤中深松处理土壤水分储备为未深松的 1.02 倍，在 40～80cm 土层形成"储水库"。

　　（2）改善了土壤物理性状，土壤硬度降低、固相降低、气相增加。

　　（3）提高了玉米产量，播前全深松比常规种植增产 7.47%，播后雨前垄沟深松比常规种植增产 9.26%。

第9章 土壤培肥技术研究

9.1 试验目的

通过有机肥量级及调控措施的定位试验,研究其调控措施对土壤理化性状、生物学效应及对作物产量等变化的影响,为吉林省西部农田地力培育技术提供理论依据。

9.2 试验设计

9.2.1 试验地点及土壤

试验设在乾安县赞字乡父字村,土壤为黑钙土,地势平坦,肥力均匀。

9.2.2 试验方案

试验设有机肥用量 $0m^3/亩$(CK)、$1.33m^3/亩$、$2m^3/亩$、$2.67m^3/亩$、$3.33m^3/亩$ 5 个量级,分别采取垄沟深施有机肥 $25\sim30cm$ 和常规施有机肥两种方法。试验采用大区处理,不设重复,共 10 个大区,每个大区 15 行,行长 32m,大区面积 $312m^2$,区间留过道 1m,顺序排列。供试玉米品种为先玉 335,种植密度为 6.5 万株$/hm^2$。

9.3 试验结果分析

9.3.1 不同处理对玉米产量及其构成的影响

不同培育处理对玉米产量及产量构成的影响见表 9-1。结果表明:施入有机肥后玉米产量均比对照有所增加,其中施用 $2m^3/亩$ 有机肥效果最好,与常规种植方法比较达到了显著水平,$2m^3/亩$ 有机肥深施使玉米的产量增加了 36.22%,$2m^3/亩$ 有机肥常规施入使玉米的产量增加了 27.21%。有机肥深施平均产量比有机肥常规施入增加 5.8%。

表 9-1 　　　　　　　　不同处理对玉米产量构成的影响

处理/(m³/亩)	穗粒数/粒	百粒重/g	有效穗长/cm	秃尖长/cm	穗长/cm	容重/(g/L)
浅 0	489.03	27.33	16.20	1.45	16.10	744
深 0	490.38	28.51	17.10	1.30	16.20	743

处理/（m³/亩）	穗粒数/粒	百粒重/g	有效穗长/cm	秃尖长/cm	穗长/cm	容重/（g/L）
浅 1.33	493.27	29.77	16.25	1.77	16.25	749
深 1.33	499.17	32.04	16.80	1.90	16.80	754
浅 2	555.00	29.27	17.43	1.45	17.43	754
深 2	588.77	29.11	17.00	1.73	17.00	752
浅 2.67	557.29	29.14	17.43	1.68	17.43	750
深 2.67	617.49	29.48	18.08	1.32	18.08	752
浅 3.33	525.71	29.05	17.22	1.83	17.22	746
深 3.33	562.59	29.97	17.37	1.45	17.37	751

施入有机肥对玉米的产量构成也存在一定的影响，玉米的穗长、穗粒数、籽粒容重均有不同程度的增加，以 2m³/亩有机肥深施处理效果最好。

9.3.2　不同处理对土壤物理性状的影响

不同处理对土壤物理性状的影响见表 9-2。结果表明，施入有机肥后均能降低 5～10cm 土壤的硬度，且随着施入量的增加，土壤硬度逐渐降低。不同量级的有机质深施处理下土壤的硬度均比常规施入的土壤低。施入有机肥后均能降低 5～10cm 土壤的容重，且随着施入量的增加，土壤容重逐渐降低。不同量级的有机质深施处理下土壤的容重均比常规施入的土壤低。施入有机肥后均能降低 5～10cm 土壤的固液相，增加土壤的气相，且随着施入量的增加，土壤的固液相逐渐降低，气相逐渐增加。

表 9-2　　　　　　　　　　　不同处理对土壤物理性状的影响

处理/（m³/亩）	土层/cm	硬度/mm	容重/（g/cm³）	固相/%	液相/%	气相/%
常规施 0	5～10	14.67	1.18	56.31	7.64	36.05
	15～20	24.90	1.24	56.47	13.48	30.05
	25～30	26.75	1.28	57.61	14.19	28.20
常规施 1.33	5～10	13.67	1.14	53.26	6.69	40.05
	15～20	24.65	1.29	57.87	13.93	28.20
	25～30	26.71	1.22	59.45	15.65	24.90
常规施 2	5～10	11.33	1.09	53.57	9.63	36.80
	15～20	27.00	1.32	61.96	16.44	21.60
	25～30	27.33	1.20	59.63	15.12	25.25

处理/（m³/亩）	土层/cm	硬度/mm	容重/（g/cm³）	固相/%	液相/%	气相/%
常规施2.67	5～10	12.00	1.07	56.77	9.73	33.50
	15～20	22.33	1.22	52.98	10.57	36.45
	25～30	27.67	1.33	58.68	13.82	27.50
常规施3.33	5～10	9.33	0.99	44.04	4.86	51.10
	15～20	26.00	1.32	58.50	14.60	26.90
	25～30	26.67	1.27	55.58	13.72	30.70
深施0	5～10	13.00	1.17	54.92	10.38	34.70
	15～20	19.33	1.20	55.11	11.24	33.65
	25～30	26.33	1.43	64.13	17.67	18.20
深施1.33	5～10	13.33	1.10	53.06	7.44	39.50
	15～20	22.33	1.24	57.81	12.24	29.95
	25～30	27.00	1.36	62.67	16.93	20.40
深施2	5～10	11.23	1.08	52.12	10.13	37.75
	15～20	19.33	1.10	54.97	8.53	36.50
	25～30	28.67	1.32	62.36	15.14	22.50
深施2.67	5～10	10.67	1.07	56.51	11.49	32.00
	15～20	18.67	1.27	59.65	15.86	24.50
	25～30	25.67	1.33	63.58	17.72	18.70
深施3.33	5～10	9.00	1.01	52.11	15.04	32.85
	15～20	21.00	1.15	65.78	13.12	21.10
	25～30	26.67	1.29	56.38	17.42	26.20

注：土壤硬度用山中式土壤硬度计（No.351）测定；土壤物理性质用环刀法测定。

9.3.3 不同处理对土壤化学性状的影响

不同处理对土壤化学性状的影响见表9-3。结果表明，施入有机肥后均能增加10～20cm土壤中速效N、P、K及有机质的含量，不同量级的有机质深施处理下土壤中养分均比常规施入的土壤高，对20～40cm土壤养分影响不明显。以施入量为2～2.67m³/亩的效果较好。

表9-3　　　　　　　　　不同处理对土壤化学性状的影响

处理/（m³/亩）	土层/cm	速效N/（mg/kg）	速效P/（mg/kg）	速效K/（mg/kg）	有机质/%	CEC/（cmol/kg）
常规施0	0～20	123.53	13.19	118.72	2.09	9.01
	20～40	101.69	3.83	75.17	1.85	8.44

续表

处理/（m³/亩）	土层/cm	速效 N/（mg/kg）	速效 P/（mg/kg）	速效 K/（mg/kg）	有机质/%	CEC/（cmol/kg）
常规施1.33	0～20	143.58	30.47	186.05	2.15	11.17
	20～40	108.63	5.35	87.11	1.88	8.81
常规施2	0～20	145.52	26.61	195.75	2.58	12.73
	20～40	125.86	4.84	83.75	2.10	10.70
常规施2.67	0～20	142.24	31.88	154.79	2.58	16.01
	20～40	113.39	4.41	86.55	2.07	16.73
常规施3.33	0～20	141.12	28.88	112.53	2.61	18.91
	20～40	92.55	4.27	95.05	1.77	14.99
深施0	0～20	132.29	9.53	123.94	2.12	11.95
	20～40	98.25	3.76	71.28	1.77	10.80
深施1.33	0～20	144.17	18.24	146.78	2.24	11.15
	20～40	112.03	3.54	82.36	1.84	11.37
深施2	0～20	155.04	20.93	165.84	2.32	8.80
	20～40	113.02	2.61	85.19	1.96	6.20
深施2.67	0～20	151.15	12.38	123.23	2.33	8.23
	20～40	131.04	16.41	111.91	2.62	7.40
深施3.33	0～20	151.34	30.60	115.30	2.56	7.43
	20～40	89.59	4.06	99.52	1.62	7.19

9.3.4　不同处理对土壤微生物的影响

土壤中的微生物随着有机肥的增加而呈增加趋势，并且有机肥深施土壤微生物含量比常规施法增加 20.69%（见表 9-4）。

表 9-4　　　　　　　　　　土壤中的微生物含量表

处理方法	用量/（m³/亩）	采样深/cm	放线菌/g	真菌/g	细菌/g
深施	0	0～20	155291	1364	629559
		20～40	98232	540	237485
	1.33	0～20	229428	623	1183476
		20～40	138694	108	325065
	2	0～20	128804	532	745147
		20～40	79230	217	151947
	2.67	0～20	215647	539	690071
		20～40	16228	216	238017
	3.33	0～20	189850	1055	1508253
		20～40	93558	108	204323

续表

处理方法	用量/(m³/亩)	采样深/cm	放线菌/g	真菌/g	细菌/g
常规施	0	0～20	254067	953	624581
		20～40	70248	0	64844
	1.33	0～20	100285	960	640120
		20～40	76681	540	118801
	2	0～20	210063	1050	619687
		20～40	92461	218	500379
	2.67	0～20	216979	745	904081
		20～40	121259	218	382349
	3.33	0～20	170922	855	491402
		20～40	68007	219	285192

9.4 试验结论

在吉林省西部农田深施有机肥，显著地增加玉米单产，提高了经济效益，土壤理化性状改善明显，三相比趋于合理，养分库容增加，提高了土壤质量，增强了土地生产能力。

（1）改善了土壤物理性状，5～10cm 土壤硬度降低 1.5～4.11mm；5～10cm 土壤含水量比对照增加 0.39%～2.09%。

（2）改善了土壤化学性状，0～20cm 土壤的养分状况，速效氮含量增加 0.71～19.45mg/kg，速效磷含量增加 4.03～6.56mg/kg，有机质增加 0.03%～0.1%。

（3）施用 2m³/亩有机肥效果最好，与常规种植方法比较达到了显著水平，2m³/亩有机肥深施玉米产量增加了 36.22%，2m³/亩有机肥常规施入玉米产量增加了 27.21%。有机肥深施平均产量比有机肥常规施入增加 5.8%。

第 10 章 降 解 地 膜 研 制

10.1 试验目的

研制与筛选出降解效果好、降解时间符合当地玉米生长发育需求及自然降雨情况（玉米拔节以后，雨季来临前开始降解为宜）、产品力学性能符合生产需要的玉米专用降解地膜。

10.2 试验设计

10.2.1 降解地膜生产

查阅了国内外大量技术资料，咨询了各方专家，考察了多家企业降解地膜生产情况基础上，充分考虑春玉米产区气候条件与土壤类型，采用 D－饱和最优设计方法，优化以"光降解、金属盐和生物降解助剂"三效合一的用量与配比，聚乙烯原料，降解助剂等按一定比例混合均匀，经过加工制成成品（如图 10－1、图 10－2 所示）。

(a)
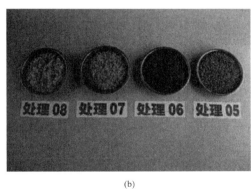
(b)

图 10－1　降解地膜助剂的研配

图 10－2　玉米可降解地膜加工流程图

10.2.2 田间试验设计

试验设 8 个处理，每个处理 3 大垄，垄长 340m，垄宽 1.3m，3 次重复，顺序排列，各处理的降解地膜品种如表 10-1 所示。

试验玉米品种为翔玉 998，密度 7.5 万株/hm²。试验肥料用量（N）16kg/亩、磷（P_2O_5）7.67kg/亩、钾（K_2O）7.33kg/亩。5 月 16 日播种，5 月 23 日覆膜。生育期采用膜下滴灌技术补水施肥。

表 10-1 供 试 降 解 地 膜

处 理	种 类	处 理	种 类
处理 1	普通地膜	处理 5	15—4
处理 2	15—1	处理 6	15—2—K
处理 3	15—2	处理 7	15—2—Na
处理 4	15—3	处理 8	15—2—Ca

10.2.3 调查和测试项目

主要从地膜降解性能、机械性能、产量和产量性状进行研究。根据地膜降解膜情况，记录地膜降解指标，地膜降解速度分为 9 级如下：

0 级：未出现裂纹（包括风力和人为破坏）；

1 级：开始出现裂纹（诱导期）；

2 级：裂纹开始增多；

3 级：田间 25％地膜出现细小裂纹；

4 级：地膜出现 2～5cm 裂纹；

5 级：地膜出现均匀网状裂纹，无大块地膜存在；

6 级：25％地面无肉眼可见地膜；

7 级：50％地面无肉眼可见地膜；

8 级：75％地面无肉眼可见地膜；

9 级：100％地面无肉眼可见地膜。

10.3 试验结果分析

10.3.1 降解性能

10 月 9 日收获后，对不同降解地膜进行降解效果调查，处理 1～处理 7 降解速率达到 7 级以上，仅处理 8 降解速率为 4 级，见表 10-2。

表 10 - 2 降 解 地 膜 降 解 情 况

处理	编号	06－11	06－26	07－10	07－25	08－15	09－19	10－10
1	普通地膜							
2	15－1	2	4[+]	5[+]	6	6[+]	7	7[+]
3	15－2	2[+]	5[+]	6	6[+]	7	7[+]	8
4	15－3	3[+]	6	7[+]	7[+]	8	8	8[+]
5	15－4	1[+]	4	5[+]	6	7	7[+]	7[+]
6	15－2－K	3[+]	5	6	6	7	7[+]	8
7	15－2－Na	4	5[+]	6[+]	7	7	7[+]	8
8	15－2－Ca	0	1[+]	2[+]	2[+]	3[+]	4	4[+]

10.3.2 物理机械性能

7 个候选玉米专用降解地膜的物理机械性能经检测，其纵向和横向拉伸负荷、断裂伸长率、直角撕裂负荷均能满足当前玉米机械化播种铺设地膜的需求（见表 10 - 3）。

表 10 - 3 降解地膜物理机械性能

项目	指	标
拉伸负荷/N	纵向、横向	≥0.6
断裂伸长率/%	纵向、横向	≥120
直角撕裂负荷/N	纵向、横向	≥0.5

10.3.3 产量及产量性状

从表 10 - 4 可以看出，处理 6 产量最高，比不覆膜高 46.8%。

表 10 - 4 对玉米产量及其他性状的影响

处理	编号	百粒重/g	含水量/%	容重/（g/L）	产量/（kg/亩）
处理 1	普通地膜	34.0	19.2	689	576.53
处理 2	15－1	35.1	20.4	658	642.00
处理 3	15－2	32.8	20.1	649	601.87
处理 4	15－3	33.1	19.7	668	689.80
处理 5	15－4	34.0	20.8	656	730.00
处理 6	15－2－K	35.5	20.9	658	846.40
处理 7	15－2－Na	36.4	20.0	660	812.67
处理 8	15－2－Ca	32.8	19.8	652	738.87

降解地膜与普通地膜相比不仅具有同样的增温、保墒和促进作物早期发育、早熟、增产等功能，还具有良好的降解性，在玉米生长的中后期，由于地膜的降解减少了地膜覆盖所带来的高温对根系的伤害、促进了雨水入渗吸收能力、降低了地膜对雨水的阻碍作用，减少了雨量的损失，增加了土壤的含水量，在一定程度上改善了作物的农艺性状、可以减少清除残膜所使用的人力、物力、财力，避免了因残膜积累形成的阻隔层造成的土壤通透力下降，影响作物根系生长发育和水肥吸收等弊端，具有一定的增产做用，对环境友好，不影响来年的机耕作业等功能，是还农田一个优越的生态环境，是地膜在农业应用上的进一步完善。因此以降解地膜替代普通地膜在滴灌生产中推广应用，对粮食增产与农业的可持续发展具有重要意义。

10.4　试验结论

对研发的 7 种降解地膜进行降解性能、机械性能、产量等比对分析，筛选出适合半干旱区玉米生产需要的玉米降解地膜 1 种（15－2－K）。

（1）玉米拔节期开始降解，玉米收获后地表裸露部分降至 8 级：75％地面无肉眼可见地膜，符合玉米生长发育需求。

（2）拉伸负荷（N）≥0.6 N、断裂伸长率≥120％、直角撕裂负荷≥0.5N，产品力学性能满足生产需要。

（3）处理 6（15－2－K）产量比不覆膜高 46.8％。

第 11 章　地膜覆盖保墒抑盐技术研究

11.1　试验目的

研究地膜覆盖栽培对阻控土壤水分蒸发，提高土壤含水量，降低土壤电导率，提高水分利用效率的影响，探明吉林省西部地区地膜覆盖栽培减蒸增墒主要技术指标，为节水增粮高效栽培提供理论依据。

11.2　试验设计

试验设不覆膜（CK）、普通地膜覆盖和降解地膜覆盖 3 个处理，小区面积 39m²，3 次重复。供试玉米品种为翔玉 998，种植密度为 7.5 万株/hm²。

测定项目：

（1）土壤温度，采用曲管地温计测 0cm、5cm、10cm、15cm、20cm 土地温，测定时间为 8：00、14：00 和 18：00。

（2）土壤水分，采用 SM200 水分测定仪测定 0～10cm、10～20cm、20～40cm 土壤水分，测定时期为播种前、苗期、拔节期和抽雄期。

（3）作物生长情况，玉米出苗期、拔节期、大喇叭口期和成熟期。

（4）测定产量及产量构成等指标。

11.3　试验结果分析

11.3.1　地膜覆盖保温作用

地膜覆盖具有较好的增温蓄热效果。降解地膜、普通地膜 5cm、10cm 土壤温度明显高于不覆膜（CK）。5 月 15 日至 6 月 25 日，降解地膜 5cm 土壤温度比不覆膜（CK）高 2.10℃。降解地膜 10cm 土壤温度比不覆膜（CK）高 1.64℃。降解地膜 5cm、10cm 土壤温度与普通地膜比差异不显著，与不覆膜（CK）比差异显著。5 月 15 日至 7 月 31 日，降解地膜 5cm、10cm 土壤比不覆膜（CK）增加积温 145 ℃。6 月 25 日之前，降解地膜 5cm、10cm 土壤温度与普通地膜土壤温度差异不大。

6 月 25 日至 7 月 31 日，降解地膜 5cm 土壤温度比普通地膜低 0.59～1.28℃。10cm 土壤温度比普通地膜低 0.51～1.22℃。降解地膜土壤温度低于普通地膜土壤温度是因为此时降解地膜已经开始降解，地膜出现一定裂隙，保温效果有所降低，但是这时正是玉米营养生长和生殖生长并进阶段，75%以上的根系在此阶段形成，降解地膜的裂解有助于根系呼吸避免高温对根系的伤害，有利于根系生长（如图 11-1、图 11-2 所示）。

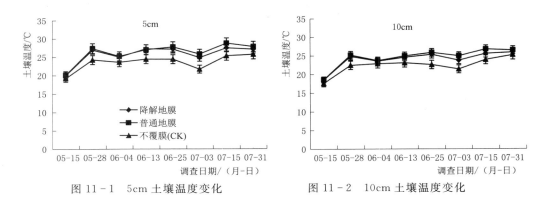

图 11-1　5cm 土壤温度变化　　　　图 11-2　10cm 土壤温度变化

11.3.2　地膜覆盖保墒作用

从 5 月 12 日播种到 7 月 5 日，降解地膜 0～20cm 土壤含水量比不覆膜（CK）高 4.43%～5.47%，比普通地膜低 0.12%～0.77%。20～40cm 土壤含水量比不覆膜（CK）高 2.40%～7.32%，比普通地膜低 0.16%～0.48%。地膜覆盖明显增加了土壤含水量，降解处理显著高于不覆膜（CK），与普通地膜比差异不显著。

7 月 15—30 日，降解地膜 0～20cm 土壤含水量比不覆膜（CK）高 1.09%～2.59%，比普通地膜高 1.08%～3.90%。20～40cm 土壤含水量比不覆膜（CK）高 2.36%～3.87%，比普通地膜高 0.91%～2.13%。9 月 22 日玉米成熟期，降解地膜 0～20cm 土壤及 20～40cm 土壤含水量仍然高于普通地膜土壤含水量，说明降解地膜覆盖在玉米生长发育中后期随着自身的裂解，土壤中有一定量的自然降雨渗入，增加了土壤水分含量有利于植株生长（如图 11-3、图 11-4 所示）。

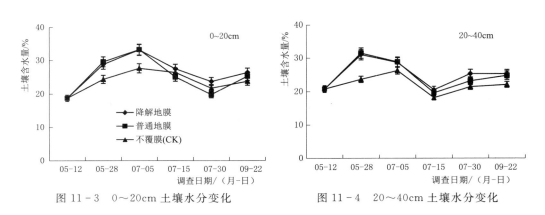

图 11-3　0～20cm 土壤水分变化　　　　图 11-4　20～40cm 土壤水分变化

11.3.3　改善土壤理化性状

覆盖地膜覆盖降低了土壤硬度，土壤固相、液相及土壤容重，增加了土壤气相。降解地膜与普通地膜相比具有一定的通气性，改善土壤物理性状，促进微生物数量及种类的增加，加速了土壤中有机物的矿化速率，使土壤速效养分明显提高（见表 11-1）。

表 11-1　　　　　　　　　　地膜覆盖对土壤硬度、三相及容重的影响

处理	土壤深度/cm	土壤硬度/mm	土壤含水量/%	固相/%	液相/%	气相/%	土壤容重/（g/cm³）
不覆膜（CK）	5～10	12.78	13.73	63.21	9.79	27.00	1.31
	15～20	22.67	15.34	64.46	13.33	22.21	1.46
	25～30	28.11	16.96	64.72	13.82	21.46	1.42
普通地膜	5～10	11.33	14.01	61.53	8.52	22.95	1.30
	15～20	19.78	16.71	63.81	12.43	23.76	1.40
	25～30	25.44	15.73	64.65	12.12	23.23	1.40
降解地膜	5～10	11.52	14.09	60.28	9.62	29.80	1.28
	15～20	21.67	16.89	64.01	12.76	23.23	1.41
	25～30	25.89	17.29	64.04	13.36	22.60	1.39

　　覆膜对土壤养分含量有明显影响（见表 11-2）。覆盖降解地膜处理的土壤速效养分比普通地膜及不覆膜高，覆盖降解地膜的土壤碱解氮比不覆膜增加 4.74mg/kg，比普通地膜增加 1.36mg/kg；覆盖降解地膜的土壤速效磷比不覆膜增加 6.95mg/kg，比普通地膜覆盖增加 3.97mg/kg；覆盖降解地膜的土壤速效钾比不覆膜增加 20.35mg/kg，比普通地膜覆盖增加 17.84mg/kg；覆盖降解膜的土壤有机质含量比不覆膜和覆盖普通地膜的土壤高，但增加幅度较小。覆盖降解地膜处理土壤中的速效养分明显提高。

表 11-2　　　　　　　　　　　　不同处理土壤养分含量

处理	取土层次/cm	碱解氮/（mg/kg）	速效磷/（mg/kg）	速效钾/（mg/kg）	有机质/（mg/kg）
降解地膜	0～20	69.10	24.23	88.82	10.8
不覆膜（CK）	0～20	64.36	17.28	68.47	10.7
普通地膜	0～20	67.74	20.26	71.34	10.7

11.3.4　对土壤盐分的影响

　　不同处理对土壤盐分含量影响（如图 11-5 所示）结果表明：与不覆膜对照，覆膜能够有效降低 0～40cm 土壤电导率，其中 0～20cm 效果尤为显著，土壤电导率降低 0.011～0.012S/m；普通地膜与降解地膜对 0～40cm 的土壤电导率影响无显著性差异；三种处理 40～60cm 土壤的电导率基本相同，但是覆膜高于不覆膜，其中 60～80cm 土壤的电导率增加 0.009～0.012S/m，覆膜能够

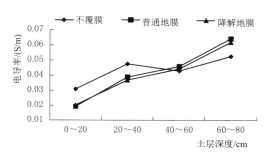

图 11-5　不同处理下土壤电导率变化

降低土壤耕作层含盐量，使盐分聚集到40cm以下，起到抑盐的效果。

11.3.5　对玉米生长发育的影响

各时期各处理叶面积指数均表现为先增大后降低的变化趋势；拔节期、大喇叭口期、抽雄期叶面积指数均表现为普通地膜＞降解地膜＞不覆膜（CK），灌浆期表现为普通地膜＞不覆膜（CK）＞降解地膜；成熟期则表现为不覆膜（CK）＞降解地膜＞普通地膜，主要是由于覆膜处理提高了玉米生育前期的地温和土壤含水量，加快了玉米生长发育进程，使生育后期的绿叶面积显著减少（见表11-3）。

表11-3　　　　　　　　　不同处理下玉米株高和叶面积指数的变化

项目	处理	拔节期	大喇叭口期	抽雄期	灌浆期	成熟期
株高	降解地膜	83a	237a	254ab	254	254
	普通地膜	87a	243a	266a	266	266
	不覆膜	59b	191b	242b	242	242
叶面积指数（LAI）	降解地膜	1.38	3.31	4.14	3.44	1.72
	普通地膜	1.51	3.43	4.29	4.05	1.69
	不覆膜	0.89	2.28	4.02	3.99	2.62

玉米植株生物量积累过程符合典型的S形曲线，可用Richards方程较好地拟合（$R=0.9968 \sim 0.9999$）。覆膜处理干物质积累速率具有明显优势，生长速率最大时的日期表现为普通地膜最早，降解地膜次之；最大相对生长速率、最大生长速率时的生长量均表现为普通地膜＞降解地膜＞不覆膜（CK）；生长活跃期则表现为降解地膜处理时间最长，比普通地膜和不覆膜（CK）分别长出将近16d和11d（见表11-4）。

表11-4　　　　　　不同覆膜处理玉米地上部干物质积累的 Richards 模型参数

处理	R^2	A	B	C	D	T_{max}/d	W_{max}	G_{max}	R_0	P/d
降解地膜	0.994	335.31	438.16	0.082	1.00	74.39	167.65	6.87	0.08	77.17
普通地膜	0.986	371.90	323.71	0.076	1.00	76.03	185.95	7.07	0.076	75.99
不覆膜	0.996	300.65	542.79	0.079	1.00	79.78	150.33	5.94	0.079	75.95

注：R 为决定系数，A 为终极生长量，B 为初值参数，C 为生长速率参数，D 为形状参数。（当 $D=1$ 时，即为 Logistic 方程。）灌浆速率最大时日期 $T_{max}=(\ln B - \ln D)/C$，灌浆速率最大时生长量 $W_{max}=A(D+1)^{-1/D}$，最大灌浆速率 $G_{max}=(CW_{max}/D)[1-(W_{max}/A)^P]$，积累起始势 $R_0=C/D$ 灌浆活跃期（大约完成总积累量的90%）。$P=2(D+2)/C$。

11.3.6　玉米增产效果

由表11-5可知，降解地膜、普通地膜与不覆膜（CK）相比，产量表现为降解地膜＞普通地膜＞不覆膜（CK），百粒重表现为降解地膜＞普通地膜＞不覆膜（CK），其中降解地膜、普通地膜与不覆膜（CK）间差异显著，而降解地膜与普通地膜间差异不显著。普通地膜比不覆膜（CK）增产25.7％，降解地膜比不覆膜（CK）增产26.4％。

表 11-5　　　　　　　　　　　　产 量 及 产 量 构 成

处理	穗长/cm	秃尖长/cm	含水量/%	籽粒容重/（g/L）	穗粒数/粒	百粒重/g	产量/（kg/亩）
不覆膜（CK）	16.6	2.9	24.1	612	508	30.6	655.20 b
普通地膜	17.6	2.3	17.3	744	560	38.0	823.27 a
降解地膜	17.1	2.8	17.2	746	554	38.3	828.33 a

11.3.7　地膜降解性能

7 月下旬，地表露出部分地膜，普通地膜重量比覆膜前减少了 1.21%，降解地膜重量比覆膜前减少 66.35%（见表 11-6）。降解地膜具有较好的降解性能。

表 11-6　　　　　　　　　　　　地 膜 降 解 状 况

处理	覆盖前重量/（g/m²）	7月下旬重量/（g/m²）	重量减少/g	减少/%
普通地膜	74.1	73.2	0.9	1.21
降解地膜	52.3	17.6	34.7	66.35

11.4　试验结论

明确了降解地膜覆盖、不覆盖、普通地膜覆盖栽培对土壤温度、水分、土壤理化性状及玉米产量性状的影响效果。

（1）玉米生育前期，地膜覆盖明显增加了土壤含水量，降解处理显著高于不覆膜（CK），与普通地膜比差异不显著。玉米生育后期，随着自身的裂解，土壤中有一定量的自然降雨渗入，增加了土壤水分含量有利于植株生长。0～20cm 降解膜比普通地膜高 1.08%～3.90%；20～40cm 降解膜比普通地膜高 0.91%～2.13%。

（2）降解地膜 5cm、10cm 土壤温度与普通地膜比差异不显著，与不覆膜（CK）比差异显著。6 月 25 日至 7 月 31 日，降解地膜 5cm 土壤温度比普通地膜低 0.5～1.28℃。10cm 土壤温度比普通地膜低 0.51～1.22℃。

（3）地表露出部分地膜降解地膜重量比覆膜前减少 66.35%。

第 12 章 保 水 剂 筛 选

12.1 试验目的

高吸水性树脂是利用吸水性较强的树脂制成的一种高吸水保水能力的高分子聚合物，是一种有效的保水剂。不同种类、粒型、施用量、施用方式、施用深度对玉米生长发育的影响不同[4-10]。本研究分析干旱胁迫条件下四种高吸水性树脂对玉米出苗和生长状况的影响，比较四种高吸水性树脂的保水效果，筛选出适宜吉林省西部半干旱区高吸水性树脂的保水剂。

12.2 试验设计

12.2.1 试验地点

试验地点设吉林省农业科学院长春院区的网室。

12.2.2 试验材料

试验选用玉米品种为先玉 335。供试的高吸水性树脂有四种，分别为：丙烯酰胺—凸凹棒营养元素高吸水性树脂，1～5mm 黄色颗粒（胜利油田长安集团聚合物有限公司）；聚丙烯酸—无机矿物型高吸水性树脂，深褐色粉剂（河北唐山博亚树脂有限公司）；淀粉—丙烯酸共聚物高吸水性树脂，4～6mm 黄色颗粒（天津三农金科技有限公司）；聚丙烯酰胺交联共聚物高吸水性树脂，白色 3～4mm 颗粒（北京汉力森新技术有限公司）。

供试土壤：盐碱土，土壤采于乾安县赞字乡父字村。

12.2.3 试验设计

玉米盆栽试验于 2016 年 5 月 26 日在网室内进行，选用 30cm×30cm 塑料桶 18 个，桶底打小孔用于透气。设置处理 1：对照（不加高吸水性树脂）；处理 2：WT（长安集团，丙烯酰胺—凸凹棒营养元素高吸水性树脂）；处理 3：BY（唐山博亚，聚丙烯酸—无机矿物型高吸水性树脂）；处理 4：SNJ（天津三农金，淀粉—丙烯酸共聚物高吸水性树脂）；处理 5：HLM（北京汉力森，聚丙烯酰胺交联共聚物高吸水性树脂），共 5 个处理，每个处理 3 次重复。每桶装入风干土 16.5kg，将 10g 高吸水性树脂与 200g 土壤均匀混合，施于种子下 5cm 处。每桶播种 10 粒，出苗后测定出苗率，之后定苗为 3 株。每桶浇水 3.3kg（为避免水由透气孔流出，分两次浇，每次 1.65kg，间隔 12h），然后不再浇水，进行干旱胁迫试验。

12.2.4　测定项目与方法

6 月 3 日计数出苗数，计算出苗率。在 6 月 3 日—7 月 4 日，采用烘干法测定桶内土壤 0～10cm 的土壤含水量（％），采用直尺测定玉米的株高（cm），每 8d 测定 1 次。6 月 27 日采用游标卡尺测定玉米的茎粗（mm）。7 月 4 日苗死亡后，清洗干净烘干，105℃下杀青 30min，75℃下烘 12h，用天平分别称量茎叶和根的生物量（g）。

12.2.5　数据分析

采用 SPSS13.0 分析软件进行处理，差异显著性检验采用单因素方差分析，进行 LSD 多重比较。

12.3　试验结果分析

12.3.1　高吸水性树脂对土壤含水量的影响

四种高吸水性树脂对土壤含水量的影响如图 12-1 所示。BY 处理保持土壤水分的作用较明显，其次为 WT 处理。

在 6—7 月气温较高，土壤含水量迅速降低。对照 CK 的土壤含水量较低，为 0.98％～3.64％；四种高吸水性树脂处理的土壤含水量较高，为 1.16％～4.77％。BY 处理明显高出对照 14.26％～30.98％（$P<0.05$）。WT 处理明显高出对照 9.17％～29.45％，6 月 3 日、6 月 11 日和 7 月 4 日差异显著（$P<0.05$）。6 月 27 日和 7 月 4 日 SNJ 处理明显高出对照 26.34％～26.90％（$P<0.05$）。试验末期 7 月 4 日四种高吸水性树脂处理的土壤含水量为 1.16％～1.24％，高出对照 18.84％～26.77％（$P<0.05$）。

12.3.2　高吸水性树脂对玉米出苗及生长状况的影响

1. 高吸水性树脂对玉米出苗率的影响

四种高吸水性树脂对玉米出苗率的影响如图 12-2 所示。干旱胁迫条件下，高吸水性树脂具有提高玉米出苗率的趋势。

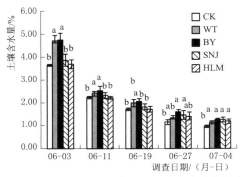

图 12-1　四种高吸水性树脂对土壤含水量的影响

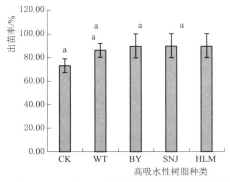

图 12-2　四种高吸水性树脂对玉米出苗率的影响

对照的出苗率仅为 73.33％，WT 处理玉米出苗率为 86.67％，高出对照出苗率 18.19％；其余 BY、SNJ 和 HLM 三个处理的玉米出苗率均为 90.00％，高出对照出苗率 22.73％，但是与对照差异不显著（$P > 0.05$）。

2. 高吸水性树脂对玉米苗期株高的影响

四种高吸水性树脂对玉米株高的影响如图 12-3 所示。SNJ 处理促进玉米株高作用明显，其次为 HLM 处理。

6 月 19 日—7 月 4 日，SNJ 处理玉米株高为 47.11cm、58.56cm 和 59.22cm，高出对照 15.12％～17.78％（$P > 0.05$）。6 月 11 日、6 月 27 日—7 月 4 日，HLM 处理玉米株高为 31.11cm、54.78cm 和 55.44cm，高出对照 7.78％～9.07％（$P > 0.05$）。

3. 高吸水性树脂对玉米苗期茎粗的影响

高吸水性树脂对玉米苗期茎粗的影响如图 12-4 所示。高吸水性树脂对玉米苗期茎粗的促进作用不明显。

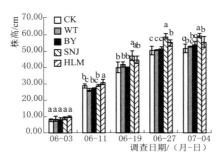

图 12-3　四种高吸水性树脂对玉米株高的影响　　　图 12-4　高吸水性树脂对玉米茎粗的影响

对照玉米茎粗 6.87mm，BY 处理、SNJ 处理和 HLM 处理的玉米茎粗较高，分别为 7.45mm、7.59mm 和 7.53mm；WT 处理的玉米茎粗为 6.81mm，数值较低，但四者与对照差异不明显（$P > 0.05$）。

4. 高吸水性树脂对玉米苗期生物量的影响

四种高吸水性树脂处理对玉米生物量的影响见表 12-1。BY 处理提高茎叶、根和整株生物量、SNJ 处理提高茎叶和整株生物量，两者均表现出较高的玉米苗期生物量。

表 12-1　　　　　　　　　　四种高吸水性树脂对玉米生物量及根冠比的影响

处理	生物量/g		
	茎叶（S）	根（R）	整株（T）
CK	4.97±0.13c	2.47±0.14b	7.44±0.25c
WT	4.86±0.04c	2.36±0.10bc	7.23±0.10cd
BY	5.46±0.04b	2.77±0.14a	8.23±0.10b
SNJ	6.30±0.14a	2.56±0.15ab	8.86± 0.28a
HLM	4.86± 0.16c	2.23±0.11c	7.09±0.05d

　　WT 处理对玉米生物量的影响作用不明显。BY 处理玉米茎叶生物量为 5.46g，高于对照 9.86％g；玉米根生物量为 2.77g，高于对照 12.15％；整株生物量为 8.23g，高于对照 10.61％g，与对照差异显著（$P<0.05$）。SNJ 处理的玉米茎叶生物量为 6.30g，高于对照 26.76％；玉米整株生物量为 8.86g，高于对照 19.08％，与对照差异显著（$P<0.05$）；SNJ 处理玉米根生物量为 2.56g，与对照差异不显著。HLM 处理玉米根生物量为 2.23g，整株生物量为 7.09g，低于对照（$P<0.05$）。

12.4　试验结论

　　综合分析可以看出，BY 处理（聚丙烯酸—无机矿物型高吸水性树脂）显著提高土壤水分、玉米茎叶和根生物量，保水效果较好，可应用示范区进行大面积推广。

　　（1）土壤含水量：在 6—7 月增加 14.26％～30.98％（$P<0.05$）；

　　（2）玉米苗期株高：增加 15.12％～17.78％（$P>0.05$）；

　　（3）玉米苗期生物量：BY 处理高于对照 10.61％，与对照差异显著（$P<0.05$）。

<h1 style="text-align:center">参 考 文 献</h1>

［1］　黎裕，王天宇，刘成，等．玉米抗旱品种的筛选指标研究 ［J］．植物遗传资源学报，2004，5（3）：210－215．

［2］　孟超敏，蔡彩平，郭旺珍．棉花抗逆育种研究进展 ［J］．南京农业大学学报，2012，35（5）：25－34．

［3］　周国雁，伍少云．不同云南小麦种质资源的全生育期抗旱性及与主要农艺性状的相关性 ［J］．华南农业大学学报，34（3）：309－314．

［4］　张丽华，边少锋，孙宁，等．保水剂不同粒型及施用量对玉米产量和光合性状的影响 ［J］．玉米科学，2017，25（1）：153－156．

［5］　李云开，杨培岭，刘洪禄．保水剂在农业上的应用技术与效应 ［J］．节水灌溉，2002，（2）：12－16，53．

［6］　周志刚，陈明琦，藏健，等．半干旱地区不同抗旱保水剂对玉米出苗和生长的影响 ［J］．内蒙古农业科技．2007，（4）：57－58．

［7］　杜社妮，耿桂俊，于健，等．保水剂施用方式对河套灌区土壤水热条件及玉米生长的影响 ［J］．水土保持通报，2012，32（4）：270－276．

［8］　王洪君，陈宝玉，梁烜赫，等．保水剂吸水特性及对玉米苗期生长的影响 ［J］．玉米科学，2011，19（5）：96－99．

［9］　张丽华，闫伟平，谭国波，等．保水剂不同施用深度对玉米产量及土壤水分利用效率的影响 ［J］．玉米科学，2016，24（1）：110－113．

［10］　毛思帅，M. Robiul Islam，薛绪掌，等．保水剂和负压供水对玉米生理生长及水分利用效率的影响 ［J］．农业工程学报，2011，27（7）：82－88．

第四篇
膜下滴灌玉米全程机械化设备

第 13 章　耕整联合作业机研发

　　玉米大垄双行种植技术是以大垄种两行密植为核心，充分发挥高产粮种的潜力，增加保苗数，使水肥集中的综合配套技术。把原有 65cm 的标准垄改成 130cm 的大垄，每垄种两行，称大垄双行玉米高产栽培种植法。采用玉米大垄双行种植技术调整株、行距，增加保苗株数，改善通风透气条件，提高光能利用率。具有保墒、保肥、保温等功效，增强抗倒伏能力，增产、增收效果明显的特点，幅度达 10％以上[1]。现阶段东北地区的垄宽度为 60～65cm。玉米大垄双行种植是将原来传统种植方式的两条宽 60～65cm 的小垄合成一条大垄，每条大垄上种植两行玉米，行距 40cm，大垄间距 80～90cm，形成了宽窄行，减少了起垄数量，提高了机械效率，改善了玉米群体的通风透光条件，为作物增产创造条件[2,3]。

　　耕整联合机两种基本作业是旋耕与碎茬，是两种最常见的土壤耕作。碎茬作业在北方一般用于垄作地区。玉米碎茬时要求切碎根茬在五股茬以上，深度在 7～10cm[4-9]。旋耕机一次作业可使各种土质的土壤达到高质量待播状态。在两种基本作业基础上，增加施肥、起垄、深松、镇压等工作部件，则可完成收后播前的各种土壤耕作，也就是实行耕整联合作业。

13.1　研发目的

　　大垄双行种植技术已在北方旱作地区不断地推广应用，种植面积逐渐扩大，发展速度较快。但是在我国北方旱作区域，玉米大垄双行的整地还是采用传统的"灭、耙、起、压"相结合的方式进行，灭茬后主要采用圆盘耙进行整地，作业时采用交叉耙地的行走方式，即两遍耙耕作业；耙耕后进行起垄，起垄作业机具往往是把传统起垄机的分土铧间距加宽，形成大垄；最后进行镇压作业，形成大垄的垄型[10]。由于没有对大垄双行农艺要求进行专业设计的起垄装置，使耕作后的垄形低矮，相邻垄高低不一致，垄侧边覆不上土，造成播种时种子的播深不一致，而且覆土量不够，影响了种子的成活率，进而影响产量。针对于现有技术存在的问题，设计了一种能够满足大垄双行农艺栽植要求的起垄整形装置，极大提高了整地作业质量，垄高达到 12～20cm，垄上宽度 90cm，垄距 130cm，相邻垄高一致，垄顶与垄侧结合部位土量饱满，适于播种。

13.2　研发过程

13.2.1　设计方案及技术关键

　　6 行耕整联合作业机采用框架梁结构，中间传动，通过变速箱变速，可以满足旋耕、碎茬作业的不同转速要求。在两根刀辊的刀盘上，可以分别安装旋耕刀和碎茬刀，满足全幅旋耕和垄作玉米、高粱等的根茬粉碎，并可配置施肥、起垄、镇压等不同工作部件，完成多种不同形式的联合作业。起垄、镇压等工作部件均为通用件。

1. 总体设计原则

（1）整机采用中间传动，减速箱变速箱为一体，改变刀辊转速方便。

（2）传动系统采用垂直布置，使重心前移，且工艺性好。

（3）采用框架双梁结构，便于深松、起垄等多种部件的连接。

（4）机架罩板为平放式，便于肥箱安装在机架上方。

（5）刀辊为刀盘式结构，既能增加旋耕刀的数量，又能分别安装旋耕刀和碎茬刀，简化加工工艺。

（6）在保证性能的基础上，尽量降低整机的重量。

2. 技术关键

（1）总体方案及参数的确定，采用框架梁结构，中间传动，通过变速箱变速，可满足旋耕、碎茬作业的不同转速要求。分别安装旋耕刀和碎茬刀，满足全幅旋耕和垄作玉米、高粱等的根茬粉碎，并可配置施肥、起垄、镇压等不同工作部件，完成多种不同形式的联合作业。

（2）对旋耕刀片受力进行有限元精确分析，分析旋耕刀运动学特性、旋耕过程、各个参数以及参数之间的关联性，研究截面结构对旋耕刀受力及工作效率的影响。

（3）刀盘安装孔的设计，安装孔的设计首先要保证各自的螺旋线排列，还要保证各孔位之间不发生干涉。

（4）起垄整型装置的设计。针对大垄双行的农艺要求进行专业设计的起垄装置，使得耕作后的垄形达到要求，相邻垄高低一致，以满足后续播种的要求，保证种子的成活率，提高产量。

（5）刀轴（辊）的优化设计，采用机构优化设计方法对刀轴进行结构优化设计，提高设计的合理性，为刀轴的改进设计提供理论依据。

3. 参数的确定

（1）幅宽的确定（如图13-1所示）：东北地区的垄宽度一般在60~65cm。玉米大垄双行种植是将原来传统种植方式的两条60~65cm宽的小垄合成一条大垄，每条大垄上种植两行玉米，行距40cm，大垄间距80~90cm，形成了宽窄行。因此，确定耕整联合作业机的幅宽为390cm。

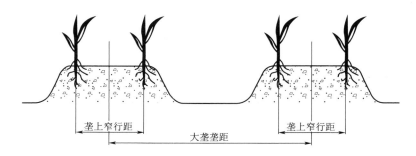

图13-1 大垄双行种植模式示意图

（2）垄型的确定：依据大垄双行农艺栽植要求，起垄高度 12～20cm，垄上宽度 90cm，垄距 130cm，相邻垄高一致，垄顶与垄侧结合部位土量饱满，适于播种。

13.2.2　主要研究内容及性能指标

1. 主要研究内容

（1）总体方案及参数的确定，采用框架梁结构，中间传动，通过变速箱变速，可满足旋耕、碎茬作业的不同转速要求。分别安装旋耕刀和碎茬刀，满足全幅旋耕和垄作玉米、高粱等的根茬粉碎，并可配置施肥、起垄、镇压等不同工作部件，完成多种不同形式的联合作业。

（2）对旋耕刀片受力进行有限元精确分析，分析旋耕刀运动学特性、旋耕过程、各个参数以及参数之间的关联性，研究截面结构对旋耕刀受力及工作效率的影响。

（3）刀盘安装孔的设计，安装孔的设计首先要保证各自的螺旋线排列，还要保证各孔位之间不发生干涉。

（4）起垄整型装置的设计。针对大垄双行的农艺要求进行专业设计的起垄装置，使得耕作后的垄形达到要求，相邻垄高低一致，以满足后续播种的要求，保证种子的成活率，提高产量。

（5）刀轴（辊）的优化设计，采用机构优化设计方法对刀轴进行结构优化设计，提高设计的合理性，为刀轴的改进设计提供理论依据。

2. 性能指标

配套动力：150 马力以上；　　　　　作业行数：6；

作业速度：5km/h；　　　　　　　　旋耕稳定系数：90％～96％；

碎茬稳定系数：90％～95％；　　　　起垄高度：12～20cm；

碎茬深度：8～10cm；　　　　　　　碎茬率：≥90％（粉碎后根茬≤5cm）；

旋耕深度：12～16cm；　　　　　　　碎土率：≥80％。

13.2.3　关键部件的研究与设计

1. 旋耕刀片的设计

传统的设计方法是通过加大安全系数来满足强度要求，通过实际使用发现，按传统方法设计出的刀片强度过于保守，结构和尺寸难以实现优化，尤其对于微型耕作机械使用的旋耕刀来说，传统方法设计出的旋耕刀片尺寸、重量明显偏大。

在设计中，对旋耕刀片受力进行有限元精确分析，分析旋耕刀运动学特性、旋耕过程、各个参数以及参数之间的关联性，研究截面结构对旋耕刀受力及工作效率的影响。在此基础上利用 CATIA 三维软件对现有的旋耕刀进行逆向设计，获得精确的曲面数据，解决旋耕刀体复杂曲面的建模问题。

采用 ansys workbench 有限元分析软件对逆向设计获得的三维模型进行网格划分等有限元处理，利用 ansys workbench 中的非线性模块对已建立的三维模型进行受力分析和模态分析，计算出仿真数据并对其进行研究。根据仿真得出的旋耕刀受力云图设置关键参数，输入 ansys workbench 中进行优化设计，得出最优设计点。

2. 刀端运动轨迹设计

刀盘上的旋耕刀与碎茬刀工作时完成复合运动：一个是刀片绕刀轴（辊）转动的圆周

运动为相对运动（其速度为相对速度 V_0，也称为圆周速度），另一个是刀轴（辊）随机具前进的运动为牵连运动（其速度为牵连速度 V_m，也就是机具的前进速度）。

相对速度与牵连速度的速比见式（13-1）：

$$\lambda = \frac{V_0}{V_m} = \frac{\omega R}{V_m} \tag{13-1}$$

式中 λ——速比（旋耕机设计中称为旋耕速比）；

ω——刀轴（耕作刀片）旋转的角速度；

R——旋耕刀（或碎茬刀）刀端回转半径。

绝对速度（也称为切削速度）为 v，则有式（13-2）：

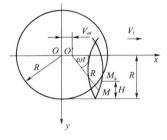

图 13-2 刀片运动机

$$\vec{v} = \vec{v_0} + \vec{v_m} \tag{13-2}$$

确定旋耕刀（或碎茬刀）的刀端 M 的运动轨迹，点 M 是沿余摆线运动（如图 13-2 所示）。取刀轴中心 O 为坐标原点，机具前进方向为 x 轴正向，y 轴正向如图。点 M（x、y）运动轨迹的参数方程见式（13-3）：

$$\begin{cases} x = V_m t + R\cos\omega t \\ y = R\sin\omega t \end{cases} \tag{13-3}$$

M 点的运动方程为式（13-4）：

$$x = \frac{v_m}{\omega}\arcsin\frac{y}{R} + \sqrt{R^2 - y^2} \tag{13-4}$$

刀端运动速度的参数方程为式（13-5）：

$$\begin{cases} v_x = \frac{\mathrm{d}x}{\mathrm{d}t} = v_m - R\omega\sin\omega t \\ v_y = \frac{\mathrm{d}y}{\mathrm{d}t} = R\omega\cos\omega t \end{cases} \tag{13-5}$$

切削速度 v 的值可按下式求得：

$$v = \sqrt{v_x^2 + v_y^2} = \sqrt{v_m^2 - 2v_m\omega R\sin\omega t + \omega^2 R^2} = \omega R\sqrt{1 + \frac{1}{\lambda^2} - \frac{2}{\lambda}\sin\omega t} \tag{13-6}$$

3. 刀盘安装孔的设计

旋耕刀和碎茬刀在刀盘上的安装孔的设计如图 13-3 所示。安装孔的设计首先要保证各自的螺旋线排列，还要保证各孔位之间不发生干涉。因此，采用优化组合的方法，使碎茬刀安装孔和旋耕刀安装孔叠加在一个刀盘上时，要不发生干涉，否则，要进行必要调整。图 13-3（a）为刀盘上旋耕刀安装孔，图 13-3（b）为刀盘上碎茬刀安装孔，图 13-3（c）为刀盘上碎茬刀和旋耕刀在一个刀盘上的安装孔。

4. 刀轴（辊）的优化设计

刀轴（辊）是通用机上最主要承载构件，它承受土壤反力和发动机的驱动力矩作用产生弯曲、扭转、剪切等复杂组合变形，且伴随产生激烈的振动、冲击。传统的设计方法往往是按照使用条件下不致破坏的准则，根据作用在刀轴上的载荷采用静强度估算，然后通过加大

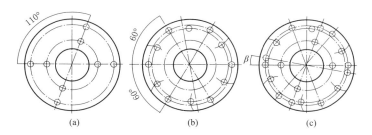

图 13-3　旋耕刀、碎茬刀安装孔

安全系数的办法来满足强度要求。采用机构优化设计方法对刀轴进行结构优化设计，提高设计的合理性，为刀轴的改进设计提供理论依据。

（1）刀轴的应力分析。

刀轴工作时每把刀片相间入土，承受弯曲、扭转复合载荷作用。刀轴的力学模型可简化为一受若干集中载荷作用的简支梁（如图 13-4 所示），集中载荷的位置和角度由刀片的排列方式确定，刀轴任意载面处的弯矩方程见式（13-7）：

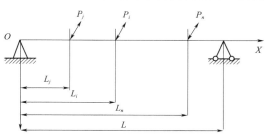

图 13-4　刀轴的力学模型

$$M(x) = \begin{cases} \sum\limits_{j=1}^{n} \dfrac{L-L_j}{L} P_j x \, (0 \leqslant x \leqslant L_j) \\ \sum\limits_{j=1}^{n} \dfrac{L-L_j}{L} P_j x - \sum\limits_{j=1}^{i} P_j (x-L_j) \, (L_i \leqslant x, \ i=1, \ 2, \ \cdots, \ n) \end{cases}$$

(13-7)

根据此弯矩方程再结合刀片排列方式可推出刀轴部（$x=L/2$）为危险截面。由第四强度理论可得刀轴的最大工作应力，见式（13-8）：

$$\sigma = \frac{1}{W} \sqrt{M^2 + 0.75 M_n{}^2}$$

(13-8)

式中　W——刀轴的抗弯截面模量；

M、M_n——刀轴危险截面处的弯矩、扭矩（$W = \dfrac{\pi}{32} D^3 \left[1 - \left(\dfrac{d}{D}\right)^4\right] = \dfrac{\pi}{32} K D^3$）。

（2）设计计算。

采用 BASIC 语言编制的复合型法（COMPLEX）程序对刀辊轴进行优化设计，得出的设计结果经圆整后与传统设计结果同列于表 13-1。

表 13-1　　　　　　　　　　　　直 径 计 算 结 果 表

设计方式	外径/mm	内径/mm	壁厚/mm	截面面积/mm²
传统设计	70	56	7	1384.74
优化设计	70	60	5	1020.5

由此得出，刀轴的优化设计与传统设计相比较，截面积减少了 21.68%。

耕整联合作业机的核心工作部件通用刀辊、通用刀盘及通用刀片的设计理论及设计方法进行了系统的阐述，为整机及其他部件研究奠定了基础。

13.3 样机测试

2014 年完成了两行耕整联合作业机研制，并于当年秋季进行了试验。2016 年及 2017 年春秋两季进行了 6 行耕整联合作业机的生产试验，进一步进行了性能试验及生产考核。试验中严格按照国家标准对产品质量的评定指标、试验方法和检测规则的规定，组织性能试验及生产考核，编制试验报告。

13.3.1 试验方法

1. 适应范围

本方法适用于可进行旋耕、碎茬、起垄、深松等多种不同组合作业的耕整联合作业机的性能试验及生产试验。

2. 参考的主要标准

GB/T 5668.3—1995　　旋耕机械试验方法

JB/T 8401.3—2001　　根茬粉碎还田机

JB/T 10295—2001　　深松整地联合作业机

3. 试验的主要工作状态

(1) 旋耕作业状态。

(2) 碎茬作业状态。

13.3.2 性能试验前期工作

1. 试验准备

(1) 试验机组准备。试验样机与配套拖拉机应有良好的技术状态，按使用说明书的规定进行使用、调整、保养。试验过程中不得随意更换拖拉机及机手。

(2) 试验用仪器、设备准备。试验所用的仪器、设备校正，计量器具在规定的有效检定周期内。

(3) 试验地准备：

1) 试验地条件。选择有代表性的试验地，试验地应平坦，坡角不大于 5°，宽度不小于其工作幅宽的 6 倍。两种主要工作状态要分别进行测定，碎茬在大垄双行玉米地试验，割茬高度应不大于 20cm。

2) 土壤绝对含水率。在测区对角线上取五点，每一测点按 10cm 分层取样（最下层至地表的高度要大于测定的最大深松深度），每层取样量不少于 30g（去掉石块和植物残茬等杂质）装入土壤盒称重，在 105℃ 恒温下，约烘 6h，到质量不变为止。然后取出放入干燥器中冷却到室温称重，并分别计算出分层和全层平均值。或用土壤水分测定仪进行测定。各层土壤含水率按式（13-9）计算：

$$H_t = \frac{M_{ts} - M_{tg}}{M_{tg}} \times 100\% \tag{13-9}$$

式中 H_t ——土壤含水率；

M_{ts}、M_{tg} ——湿土、干土的质量，g。

3）土壤坚实度。用土壤坚实度仪测定，测点与土壤含水率的测点相对应，并分别计算出分层与全层平均值。

4）根茬高度与密度。在土壤绝对含水率取样点，每点测 10 株，测定根茬最高点至地面距离，计算平均值为根茬高度，再在上述五点处，每处在同一行上测定，测定 $1/b$（b 为行距，单位 m）内根茬株数，计算平均值表示每平方米的根茬密度。

13.3.3 旋耕作业状态性能测定

将刀辊转速确定在设计转速，作业速度按常用的两种前进速度（0.6m/s、0.9m/s）满幅作业，旋耕深度取设计深度，共计两个工况，每个工况测定两个或三个行程。

1. 耕深及其稳定性

用耕深尺或其他测量仪测定，沿机组前进方向每隔一定间隔测定一点，每个行程各测定 11 点。计算出每一行程和每一工况的平均耕深、变异系数和稳定性系数。

行程值测定结果如式（13-10）～式（13-13）计算：

$$a_j = \frac{\sum\limits_{i=1}^{n} a_{ji}}{n_j} \tag{13-10}$$

$$S_j = \sqrt{\frac{\sum\limits_{i=1}^{n} (a_{ji} - a_j)^2}{n-1}} \tag{13-11}$$

$$V_j = \frac{S_j}{a_j} \times 100\% \tag{13-12}$$

$$U_j = 1 - V_j \tag{13-13}$$

工况值按式（13-14）～式（13-17）计算：

$$a = \frac{\sum\limits_{j=1}^{N} a_j}{N} \tag{13-14}$$

$$S = \sqrt{\frac{\sum\limits_{j=1}^{N} S_j^{\,2}}{N}} \tag{13-15}$$

$$V = \frac{S}{a} \times 100\% \tag{13-16}$$

$$U = 1 - V \tag{13-17}$$

式中 a_j ——第 j 个行程的耕深平均值，cm；

a_{ji} ——第 j 个行程第 i 个点的耕深值，cm；

n_j ——第 j 个行程的测定点数；

S_j ——第 j 个行程耕深的标准差，cm；

V_j ——第 j 个行程耕深的变异系数；

U_j ——第 j 个行程耕深的稳定性系数；

a ——工况的平均耕深，cm；

N ——同一工况中行程数；

S ——工况的耕深标准差，cm；

V ——工况的耕深变异系数；

U ——工况的耕深稳定性系数。

2. 耕宽及其稳定性

测定时应与耕深测点相对应，计算方法同耕深及其稳定性。计算出每一行程和每一工况的平均耕宽、变异系数和稳定性系数。

3. 作业速度

按式（13-18）计算出机组前进速度：

$$V = \frac{S}{t} \qquad (13-18)$$

式中 V ——作业速度，m/s；

S ——机组在测定时间内前进的距离，m；

t ——测定时间，s。

4. 碎土率

每一行程测定一点，沿耕作方向取样。在 0.5m×0.5m 面积内，分别测定地表以下 10cm 内土块最长边小于 4cm 土块质量及土块总质量、全耕层土块最长边小于 8cm 的土块质量及土块总质量，按式（13-19）计算出碎土率。

$$C_{10} = \frac{G_{S10}}{G_{10}} \times 100\% \qquad (13-19)$$

式中 C_{10} ——地表 10cm 内耕层碎土率；

G_{S10} ——地表 10cm 内耕层小于 4cm 土块质量；

G_{10} ——地表 10cm 内耕层土块总质量。

$$C = \frac{G_s}{G} \times 100\% \qquad (13-20)$$

式中 C ——全耕层碎土率；

G_s ——全耕层小于 8cm 土块质量，kg；

G ——全耕层土块总质量，kg。

5. 土壤膨松度

每一行程测定一点（一个与机组前进方向垂直的断面），先后测定耕作前后的地表线及耕后沟底线，并绘出断面图，求出耕前地表至沟底的横断面积和耕后地表至沟底横断面积，按式（13-21）计算出土壤膨松度。

$$P = \frac{A_h - A_q}{A_q} \times 100\% \qquad (13-21)$$

式中　P——土壤膨松度；

　　A_h——耕后地表至沟底的横断面积，cm^2；

　　A_q——耕前地表至沟底的横断面积，cm^2。

6. 耕前与耕后地表平整度

在画出的耕前与耕后地表线上过最高点作一水平直线为基准线，取一个工作幅宽，以10cm 间隔等分，并在等分点上分别测定耕前、耕后地表至基准线的垂直距离，按上述方法计算平均值和标准差，以标准差的值表示其平整度。

7. 植被覆盖率

每行程不少于一个测点，在已耕地上取 $1\text{m} \times 1\text{m}$ 的面积，分别测定耕后地表以上植被和残茬质量，地表以下根茬和植被质量，按式（13-22）计算出植被覆盖率。

$$F = \frac{W_x}{W_s + W_x} \times 100\% \qquad (13-22)$$

式中　F——根茬覆盖率；

　　W_s——耕后地表以上碎茬范围内植被和残茬质量，g；

　　W_x——耕后地表以下植被和残茬质量，g。

13.3.4　碎茬作业状态测定

将刀辊转速确定在设计转速，作业速度按 0.6m/s 左右满幅作业，深松深度取两种深度（23～25cm、28～30cm），共计两个工况，每个工况两个行程或三个行程。

1. 碎茬深度及稳定性

以垄顶线为基准，沿机组前进方向在测区范围内，每隔 2m 测定一点，每行程各测 11点，计算方法同耕深及其稳定性。计算出每一行程和每一工况的平均深度、变异系数和稳定性系数。

2. 根茬粉碎率

每行程测定一点，每点取 $1\text{m} \times 1\text{m}$ 的面积，测定地表及灭茬深度范围内所有根茬，测定总的根茬质量和其中合格根茬质量（合格根茬的长度为 ≤50mm 不包括须根长度），按式（13-23）计算根茬粉碎率，并计算平均值。

$$F_{g1} = \frac{M_h}{M_z} \times 100\% \qquad (13-23)$$

式中　F_{g1}——根茬粉碎率；

　　M_h——合格根茬的质量，g；

　　M_z——总的根茬质量，g。

3. 根茬覆盖率

每个行程测定不少于一点，在已耕地上取 $1\text{m} \times 1\text{m}$ 的面积，测定后按式（13-24）计算根茬覆盖率。

$$F_{g2} = \frac{W_x}{W_x + W_s} \times 100\% \qquad (13-24)$$

式中　F_{g2}——根茬覆盖率；

W_x——地表以下灭茬深度范围内根茬和植被质量，g；

W_s——地表以上根茬和植被质量，g。

4. 作业速度及机组打滑率

速度测定如同碎土率。机组的打滑率按式（13-25）计算。

$$\delta = \frac{S_K - S_z}{S_K} \times 100\% \qquad (13-25)$$

式中 δ——机组打滑率（负值为滑稳率）；

S_K——机组空行时后驱动轮（或履带），n 转前进的距离，m；

S_z——机组作业时后驱动轮（或履带），n 转前进的距离，m。

5. 土壤膨松度

每行程测定一点，耕作前后，在垂直于机组前进方向的同一位置先后画出未耕地表线、已耕地表线和深松沟底线，求出耕前地表至理论深松沟底（深松铲尖形成的沟底线）的横断面积和耕后地表至理论深松沟底横断面积，按式（13-26）计算出土壤膨松度。

$$P = \frac{A_h - A_q}{A_q} \times 100\% \qquad (13-26)$$

式中 P——土壤膨松度；

A_h——耕后地表至理论深松沟底的横断面积，cm^2；

A_q——耕前地表至理论深松沟底的横断面积，cm^2。

6. 地表平整度

地表平整度，耕前为垄作地，无必要测定其平整度，耕后可测定深松所在三行及两边碎茬的两个半垄的情况。以耕后地表线上过最高点作一水平线为基准线，在适当位置与两边深松铲边上的垄中心，以 10cm 间隔等分，并在等分点上测定耕后地表至基准线的垂直距离，按耕深及其稳定性的方法计算平均值和标准差，以标准差表示其平整度。

13.3.5 功率消耗

功率消耗由两部分组成，一部分为牵引力功率消耗；另一部分为驱动功率消耗。牵引力功率消耗通过测定所消耗牵引力、拖拉机前进速度，计算出牵引力功率消耗。驱动功率消耗（包括万向节传动件的功率消耗）以拖拉机动力输出轴的输出功率表示，推荐采用电测法，拖拉机动力输出轴的扭矩和转速同时在全行程内测定，计算出驱动功率消耗。

13.3.6 生产试验

1. 生产试验要求

投入生产试验的样机配套动力与试验要求相适应。

2. 可靠性考核

采取定时截尾试验方法，每台试验样机的总工作时间为 110h（120h）。试验期间记录每台样机的工作情况、故障情况和修复情况，考核计算样机有效度、平均故障间隔时间（MTBT）和刀片的平均寿命（MTTF）有效度。

$$A = \frac{\sum T_z}{\sum T_z + \sum T_g} \times 100\% \qquad (13-27)$$

式中　　A ——有效度；

　　　　T_z ——生产考核期间的班次作业时间，h；

　　　　T_g ——样机在生产试验期每班次的故障排除时间，h。

平均故障间隔时间见式（13-28）：

$$MTBF = \sum T_z / R_c \qquad (13-28)$$

式中　　R_c ——生产考核期间机具发生的一般故障和严重故障总数，轻微故障不计。

凡在生产考核期间，考核机具有重大或致命失效（指发生人身伤亡事故、因质量原因造成机具不能正常工作、经济损失重大的故障）发生，有效度和平均故障间隔时间均不合格。

3. 纯工作小时生产率

连续查定样机三个班次作业，每个班次作业不小于 6h，时间精确到 min。

$$E_c = \frac{\sum Q_{cb}}{\sum T_c} \qquad (13-29)$$

式中　　E_c ——纯工作小时生产率，亩/h；

　　　　Q_{cb} ——生产查定班次作业量，亩；

　　　　T_c ——生产查定班次纯作业时间，h。

4. 班次小时生产率见式（13-30）

$$E_b = \frac{\sum Q_b}{\sum T_b} \qquad (13-30)$$

式中　　E_b ——班次小时生产率，亩/h；

　　　　Q_b ——生产考核期间班次作业面积，亩；

　　　　T_b ——生产考核期间班次作业时间，h。

13.3.7　机具的技术特性

机具的主要技术参数汇总于表 13-2。

表 13-2　　　　　　　　　6 行耕整联合作业机的技术规格及参数

类别	项　　目		数据及形式
整机特征	配套动力		东方红—1504
	动力来源		拖拉机动力输出轴
	挂接形式		液压三点悬挂
	工作行数/行		6
	运输通过间隙/mm		大于 300
外形尺寸	碎茬（$L \times W \times H$）/mm		3900×1668×1260
	旋耕（$L \times W \times H$）/mm		3900×1280×1140
整机质量	碎茬/kg		825
	旋耕/kg		720
结构特征	碎茬	单行作业幅宽/mm	1300
		刀片排列形式	螺旋线排列
		刀辊工作转速/rpm	385

类别	项 目		数据及形式
结构特征	旋耕	旋耕作业幅宽/mm	3900
		刀片排列形式	多头螺旋线
		刀辊工作转速/rpm	234
	起垄	起垄铲型式、规格/mm	三角铧，210
	深松	深松铲型式	凿式
	施肥	排肥器型式	外槽轮式
		肥箱容积/L	45
		施肥铲型式	滑刀式

13.3.8 田间性能试验和结果分析

六行耕整联合作业机田间试验；试验包括旋耕试验与碎茬试验两部分。

1. 旋耕作业状态试验

（1）2014 年 10 月在通榆县瞻榆镇向阳村：

1）试验条件和农业技术要求。试验地条件见表 13-3。

表 13-3　　　　　　　　旋 耕 试 验 地 特 征

项 目			测 定 结 果				
试验地特征	前茬和田面情况	前茬作物名称	玉米				
		留茬高度/cm	7～10				
		杂草或绿肥种类	杂草				
		杂草或绿肥高度/cm	10～25				
	轮作和耕作情况	二年、三年内换茬情况	不换茬				
		耕作深度	14～18				
	土壤类型		沙壤土				
	土壤绝对含水率/%	层平均值	0～5cm	23.7	23.7	22.9	24.7	25.9
			5～10cm	23.8	24.1	23.5	25.8	26.4
			10～15cm	24.2	24.2	24.9	26.1	27.2
		总平均值	0～5cm	24.18				
			5～10cm	24.72				
			10～15cm	25.32				
	土壤坚实度/（kg/cm²）	层平均值	0～5cm	4.3	4.5	4	4.1	4
			5～10cm	4.4	4.7	4.1	4.3	4.1
			10～15cm	4.7	4.9	4.5	4.5	4.4
		总平均值	0～5cm	4.18				
			5～10cm	4.32				
			10～15cm	4.6				

2）作业状态。机具的变速挡放到旋耕状态。工况一使用慢三挡，工况二使用慢四挡。配套动力为东方红－1504 拖拉机。

3）性能试验测定。结果见表 13－4。各项数据均符合指标要求。

表 13－4　　　　　　　　6 行耕整联合作业机旋耕性能试验结果汇总表

名　　称			行程 1	行程 2	平均值
耕深	平均值/cm	工况一	15.8	15.6	15.7
		工况二	14.3	14.1	14.2
	稳定性系数/%	工况一	91.3	93.1	92.2
		工况二	90.9	94.1	92.5
耕宽	平均值/cm	工况一	3700.0	3705.0	3725.0
		工况二	3701.0	3702.5	3701.75
	稳定性系数/%	工况一	92.6	97.0	94.8
		工况二	97.8	95.0	96.4
碎土率/%	工况一	<4cm/kg	62.5	67.6	65.1
		4～8cm/kg	6.1	6.8	6.45
		>8cm/kg	0	0	0
		碎土率/%	91.1	90.9	91.0
	工况二	≤4cm/kg	66.4	64.5	65.5
		4～8cm/kg	6.2	6.3	6.25
		>8cm/kg	0	0	0
		碎土率/%	91.5	91.1	91.3
植被覆盖率/%		工况一	93.3	92.5	92.9
		工况二	92.8	94	93.4
土壤膨松度/%		工况一	17	18	18
		工况二	21	20	20.5
沟底横向平整度/cm		工况一	2.5	1.1	1.8
		工况二	1.2	1.6	1.4
地面平整度	耕前/cm	工况一	0.33	0.31	0.32
		工况二	0.24	0.20	0.22
	耕后/cm	工况一	0.51	0.45	0.48
		工况二	0.44	0.48	0.46
机组打滑率/%		工况一	5.3	4.9	5.1
		工况二	5.1	5.5	5.3
机组前进速度/（km/h）		工况一	2.52	2.48	2.484
		工况二	3.6	3.456	3.528

（2）2014 年 10 月在通榆县瞻榆镇向阳村：

1）试验条件和农业技术要求。试验条件表 13-5。

表 13-5　　　　　　　　　　旋耕作业试验地情况记录表

		土壤绝对含水率/%			
		0～5cm	5～10cm	10～15cm	备注
第1点	湿重/g	42.3	38.6	36.7	
	干重/g	36.8	33.8	32.1	
	含水率/%	14.9	14.2	14.3	
第2点	湿重/g	47.2	48.1	39.4	
	干重/g	40.9	41.4	34.3	
	含水率/%	15.4	16.1	14.8	
第3点	湿重/g	32.5	41.7	40.4	
	干重/g	26.1	35.6	34.4	
	含水率/%	19.6	17.1	17.4	
第4点	湿重/g	35.9	39.7	44.6	
	干重/g	30.7	33.7	37.8	
	含水率/%	16.9	17.9	17.9	
第5点	湿重/g	51.2	47.2	34.7	
	干重/g	43.6	40.1	29.9	
	含水率/%	17.4	17.7	16.0	
平均含水率/%		16.8	16.6	16.1	
		土壤坚实度/（kg/cm²）			
		0～5cm	5～10cm	10～15cm	
1点坚实度		4.2	4.3	4.9	
2点坚实度		4.4	4.3	4.5	
3点坚实度		4.6	4.7	5.0	
4点坚实度		4.1	4.2	4.7	
5点坚实度		4.8	4.9	5.2	
平均坚实度		4.42	4.48	4.86	
试验地其他情况说明		玉米茬、留茬高度 5～10cm，杂草不多			

2）作业状态。机具的变速挡放到旋耕状态。工况一使用慢三挡，工况二使用慢四挡。配套动力为东方红－1504 拖拉机。

3）性能试验测定。结果见表 13-6 各项数据均符合指标要求。

表 13-6　　　　　　　　　6 行耕整联合作业旋耕作业试验结果汇总表

项目	工　况		行程 1	行程 2	工况平均值
耕深/cm	工况一	平均值	15.1	14.6	14.85
		稳定性系数/%	93.5	95.7	94.6
	工况二	平均值	14.9	14.1	14.4
		稳定性系数/%	95.3	93.7	94.5
耕宽/cm	工况一	平均值	3703.5	3701.5	3702.5
		稳定性系数/%	94.1	93.6	93.85
	工况二	平均值	3704.0	3702.5	3703.25
		稳定性系数/%	93.4	92.9	93.15
碎土率/%	工况一	耕层 10cm 内≤4cm/kg	44.8	49.2	47
		全耕层内≤8cm/kg	76.3	78.8	77.5
		全耕层内>8cm/kg	6.8	7.7	7.25
		碎土率/%	91.8	91.1	91.45
	工况二	耕层 10cm 内≤4cm/kg	51.2	48.5	49.85
		全耕层内≤8cm/kg	82.1	79.3	80.7
		全耕层内>8cm/kg	8.4	7.3	7.85
		碎土率/%	90.7	91.6	91.15
植被覆盖率/%	工况一		82.4	86.1	84.25
	工况二		85.3	82.1	83.7
土壤膨松度/%	工况一		15.26	14.46	14.86
	工况二		18.9	18.3	18.6
机组前进速度/(km/h)	工况一		2.21	2.17	2.19
	工况二		3.18	3.26	3.22

2. 碎茬作业状态试验

（1）2014 年 10 月在通榆县瞻榆镇向阳村：

1）试验条件和技术要求。试验地条件见表 13-7。

表 13-7　　　　　　　　　碎茬作业试验地情况记录表

		土壤绝对含水率/%			备注
		0~10cm	10~20cm	20~30cm	
第1点	湿重/g	55.9（19.7）	69.3（21.1）	57.54（21.45）	括号中数字为盒重
	干重/g	50.8（19.7）	61.9（21.1）	51.6（21.45）	
	含水率/%	16.40	18.14	19.70	

续表

土壤绝对含水率/%					备注
		0～10cm	10～20cm	20～30cm	
第2点	湿重/g	45.87 (21.2)	52.8 (20.6)	55.0 (18.3)	
	干重/g	42.5 (21.2)	47.6 (20.6)	47.5 (18.3)	
	含水率/%	15.82	19.26	25.68	
第3点	湿重/g	24.22 (14.2)	32.5 (14.3)	31.8 (14.1)	
	干重/g	23.3 (14.2)	30.7 (14.3)	28.9 (14.1)	
	含水率/%	10.11	16.46	19.59	括号中数字为盒重
第4点	湿重/g	49.2 (19.6)	37.8 (13.7)	25.7 (14.1)	
	干重/g	45.7 (19.6)	34.3 (13.7)	23.8 (14.1)	
	含水率/%	13.30	17.18	20.00	
第5点	湿重/g	34.2 (13.9)	32.9 (14.1)	34.0 (14.5)	
	干重/g	31.8 (13.9)	30.0 (14.1)	30.5 (14.5)	
	含水率/%	12.75	18.2	21.88	
平均含水率/%		13.68	17.97	21.37	

土壤坚实度/（kg/cm^2）			
	0～10cm	10～20cm	20～30cm
1点坚实度	9.31	15	27
2点坚实度	6.16	8.5	14
3点坚实度	8.6	12.7	18.7
4点坚实度	12.13	28.5	28
5点坚实度	7.5	17.5	19
平均坚实度	8.74	16.74	21.34

割茬高度/cm 及密度/（个/m^2）	第1点	第2点	第3点	第4点	第5点
	高度 15.8 密度 6	高度 11.9 密度 5	高度 9.9 密度 4	高度 12.1 密度 5	高度 18.2 密度 6

试验地其他情况说明	玉米茬，垄距 125～135cm，以 130cm 为主，垄高 10～15cm，垄沟内植物残株、残叶较多，结合垄垄距相差甚大，影响碎茬及深松效果。杂草数量居中，土质硬且发漱，且起大块，阻力较大

2）作业状态。机具的变速挡放到碎茬状态。工况一使用慢四挡，工况二使用慢五挡。配套动力为东方红－1504 拖拉机。

3）性能试验测定。结果见表 13－8。各项数据均符合指标要求。

表 13 - 8　　　　　　　　　6 行耕整联合作业机碎茬作业试验结果汇总表

项目	工　况		行程 1	行程 2	工况平均值
碎茬深度/cm	工况一	平均值	11.6	11.3	11.45
		稳定性系数/%	85.6	86.3	85.95
	工况二	平均值	12.1	12.5	12.4
		稳定性系数/%	85.8	87.6	86.7
碎茬率/%	工况一		91.4	91.7	91.55
	工况二		91.5	91.9	91.7
覆盖率/%	工况一		89.1	88.6	88.85
	工况二		88.7	89.3	89
土壤膨松度/%	工况一		28.7	22.4	25.55
	工况二		26.9	19.5	23.2
机组前进速度/(km/h)	工况一		2.52	2.61	2.565
	工况二		2.14	2.06	2.1
打滑率/%	工况一		3.9	3.1	3.5
	工况二		4.91	4.96	4.935

（2）2014 年 10 月在通榆县瞻榆镇向阳村。

1）试验条件和技术要求。试验地条件见表 13 - 9。

表 13 - 9　　　　　　　　　碎　茬　试　验　地　特　征　表

项　　目			测　定　结　果				
试验地特征	前茬和田面情况	前茬作物名称	玉米				
		留茬高度/cm	10				
		杂草或绿肥种类	杂草				
		杂草或绿肥高度/cm	10～15				
	轮作和耕作情况	二年、三年内换茬情况	不换茬				
		耕作层深度 cm	14～18				
	土壤类型		沙壤土				
	土壤绝对含水率/%	层平均值	0～10	15.7	14.7	9.9	12.7	11.9
			10～20	17.8	18.1	15.5	16.8	17.4
			20～30	19.2	24.2	18.9	20.1	21.2
		总平均值	0～10	12.98				
			10～20	17.12				
			20～30	20.72				

续表

项 目			测 定 结 果				
试验地特征	土壤坚实度/（kg/cm²）	层平均值	0～10	9.1	5.9	8.3	12.1	7.3
			10～20	14.7	8.3	13.1	23.6	13.8
			20～30	26.8	14.8	18.4	27.7	18.5
		总平均值	0～10	8.54				
			10～20	14.7				
			20～30	21.24				

2）作业状态。机具的变速挡放到碎茬状态。工况一使用慢四挡，工况二使用慢五挡。配套动力为东方红－1504 拖拉机。

3）性能试验测定。结果见表 13－10。各项数据均符合指标要求。

表 13－10　　　　　6 行基本型耕整联合作业机碎茬性能试验结果汇总表

名 称			行程 1	行程 2	平均值
碎茬深度	平均值/cm	工况一	11.8	12	11.9
		工况二	13	12.8	12.9
	稳定性系数/%	工况一	90.5	91.8	91.6
		工况二	92.1	92.8	91.2
耕顶宽	平均值/cm	工况一	16.4	16.5	16.45
		工况二	18.2	17.8	18.0
垄距	平均值/cm	工况一	135.0	136.0	135.5
		工况二	140.0	138.0	139.0
垄高	平均值/cm	工况一	14.3	14.0	14.2
		工况二	9.5	10.0	9.75
根茬粉碎率/%	工况一	≤5cm，（g）	912	898	905
		>5cm，（g）	75	86	80.5
		粉碎率/%	92.5	91.2	91.9
	工况二	≤5cm，（g）	926	964	945
		>5cm，（g）	78	81	79.5
		粉碎率/%	91.5	92.2	91.9
根茬覆盖率/%		工况一	91.2	91.7	91.5
		工况二	91.9	92.8	92.4
机组打滑率/%		工况一	5.2	5.4	5.3
		工况二	5.1	4.9	5.0
机组前进速度/（m/s）		工况一	1.2	1.0	1.1
		工况二	1.2	1.4	1.3

13.3.9　生产考核

2016—2017 年在性能试验的同时，对耕整联合作业机进行了生产考核。并于 2016 年 4 月对 6 行耕整联合作业机的旋耕作业状态进行生产查定表 13 - 11，于 2016 年 10 月对 6 行耕整联合作业机的碎茬作业状态进行了生产查定表 13 - 12，生产试验技术经济指标汇总表见表 13 - 13，重点跟踪的 1 台样机生产作业面积。考核结果证明，耕整联合作业机具是高效、先进的新型生产作业机具，性能可靠，达到合同要求的各项指标。

表 13 - 11　　　　　　　6 行耕整联合作业机旋耕作业生产查定记录表

项　　目				班　次			平　均
				1	2	3	
总延续时间	班次时间	作业时间	纯工作时间/min	435	426	439	433.3
			地头转弯空行时间/min	67	68	69	68
			工艺服务时间/min	11	9	10.6	10.2
		非作业时间	调整保养时间/min	2.5	2.8	3.4	2.9
			样机故障时间/min	10.1	11	11.5	10.87
			1km 以内空行转移时间/min	10.5	11.3	11.8	11.2
	非班次时间		拖拉机调整、保养和故障排除时间/min	7.1	4.8	8.5	6.8
			1km 以上空行转移时间/min	10.8	10.4	11.3	10.83
			自然条件造成停机时间/min	53.5	56.2	54.5	54.73
			组织不善造成停机时间/min	0	0	0	0
			其他原因造成停机时间/min	0	0	0	0
作业量/亩				78.00	81.00	82.50	80.55
主油料消耗/kg				50.1	49.7	49.8	49.87
纯工作小时生产率/（亩/h）				10.76	11.42	11.28	11.15
主油料消耗率/（kg/亩）				1.05	1.02	1.02	1.03
班次小时生产率/（亩/h）				9.12	9.66	9.54	9.44

表 13 - 12　　　　　　　6 行耕整联合作业机碎茬作业生产查定记录表

项　　目				班　次			平　均
				1	2	3	
总延续时间	班次时间	作业时间	纯工作时间/min	434	429	436	433
			地头转弯空行时间/min	70	69	69	69.67
			工艺服务时间/min	5.8	10	11	8.93

项 目				班 次			平均
				1	2	3	
总延续时间	班次时间	非作业时间	调整保养时间/min	3.1	2.8	3.4	3.1
			样机故障时间/min	12	10	12	11.3
			1km 以内空行转移时间/min	11.1	10.4	13.5	11.67
	非班次时间		拖拉机调整、保养和故障排除时间/min	5.2	3.8	6.3	5.1
			1km 以上空行转移时间/min	10.1	11.2	12.1	11.8
			自然条件造成停机时间/min	59	58.3	52.3	56.5
			组织不善造成停机时间/min	0	0	0	0
			其他原因造成停机时间/min	0	0	0	0
作业量/亩				108.00	111.00	108.75	109.20
主油料消耗/kg				59.68	61.8	59.3	60.26
纯工作小时生产率/（亩/h）				14.93	15.53	14.97	15.15
主油料消耗率/（kg/亩）				0.73	0.67	0.65	0.66
班次小时生产率/（亩/h）				12.71	13.11	12.65	12.83

表 13 - 13　　　　　　　6 行耕整联合作业机生产试验技术经济指标汇总表

项 目		机组编号	
		旋耕	碎茬起垄
生产率/（亩/h）	纯工作小时生产率	10.65	14.07
	班次小时生产率	8.85	12.15
油料消耗/（kg/亩）	主油料消耗率	0.51	0.53
	副油料消耗率	0.03	0.03
使用可靠性/%		96	95
调整保养方便性/%		96	97
时间利用率	班次时间利用率/%	80.8	79.2
	总延续时间利用率/%	64.3	62.1
作业成本/（元/亩）		17.07	13.20

13.3.10　国内外对比分析

从表 13 - 14 可以看出，以美国和德国为代表的国外没有碎茬＋旋耕组合机型，不能一次完成碎茬、旋耕作业，不利于保墒保水，不适应吉林省西部干旱少雨的农业自然现状。项目样机 6 行耕整联合作业机在碎茬深度、旋耕深度、碎茬率、碎土率等性能指标均达到或超过同一类型单一功能作业机的要求，尤其对大垄双行的种植模式明显优于同类联合作业机。

表 13 - 14　　　　　　　　国内外几种典型旋耕、碎茬机性能对照表

型号参数	配套动力/kW	行数	碎茬深度/（cm）	碎茬率/%	碎土率/%	旋耕深度/cm	工作幅宽/cm	作业速度/（km/h）
1GTN—200 旋耕机	55.1	2	5～8	88.6	90	12～16	200	2～5
1GC—5 碎茬机	40.3	5	7～10	89	87	无	300	4～6
1GZ—4 碎茬机	29.4～40	4	7～10	88.9	89	无	240	4～6
1G—4 耕整机	58.8	4	6～10	90	85	12～16	210	3～5
1GL—4 耕整联合机	58.8	4	6～8	94	95	12～16	210	2～4
1GKN—200 旋耕机	44～66	无	无	无	90	10～450px	5000px	1～5
DOTZKR—200 旋耕机	100	无	无	无	89	14	300	3～5
DCRM300 i 旋耕机	100～110	无	无	无	88	10	300	3～5
1GZD—3900 耕整机	110～147	6	10～13	91.7	92.2	12～16	390	5

13.4　测试结论

（1）旋耕深度 15.5cm、起垄高度 18cm。

（2）用旋耕、碎茬通用刀片碎茬作业能满足碎茬作业的农艺要求，用碎茬刀碎茬作业碎茬率为 91% 以上，用通用刀片碎茬作业碎茬率为 88%，能满足碎茬率为 86% 以上的农艺要求。

（3）旋耕、碎茬、起垄、镇压等作业均达到各项农艺技术指标的要求，性能先进，作业质量高。

（4）机具总体配置合理，可完成旋耕、碎茬、起垄、镇压等项不同组合的联合作业，具有结构简单可靠、安装调整方便的特点，如图 13 - 5 所示。

图 13 - 5　耕整联合作业机样机

第 14 章 膜上播种一体机研发

14.1 研发目的

随着农村劳动力的转移，用工成本逐年增加，对高效复式作业机具需求日益迫切，目前单项技术产品如铺膜机、播种机等较多，但是能够同时完成铺膜、膜上播种等工序的复式作业机具尚不成熟。有些在现有覆膜、播种、施肥等机具的基础上进行技术改进、性能改善，并进行集成组合，形成复式作业机械，提高机械作业效率，减轻农民负担。但是普遍存在机具性能不稳定、适应性差等问题。针对这些问题，研发了一种膜上播种一体机，解决了东北地区玉米膜上播种作业的难题。

14.2 研发过程

14.2.1 设计方案及技术关键

1. 设计方案

（1）整机采用牵引式结构，双地轮既是运输轮，又是传动轮，由拖拉机液压控制升降并切换工作状态，运输平稳，动力传递可靠。

（2）机具前端为开沟施肥覆膜部件，整体仿形，开沟并进行施肥，避免了施肥过程中产生拖堆现象。施肥之后进行覆膜、压膜。

（3）后部为播种机构，单体仿形，保证播种均匀性。由膜上播种器、浮动限深轮和镇压轮等组成。镇压轮采用内倾斜结构，既可覆土，又能镇压，缩短了机具长度，减轻了机具重量。

（4）2 行膜上播种一体机整机设计、优化、试验。

（5）6 行膜上播种一体机整机设计、优化、试验。

2. 技术关键

（1）研究整机的模块式组合结构，以满足我国农村不同农艺的要求和当动力情况适合时增加整机作业行数的需求。

（2）整机的配套动力在满足作业的前提下，应以中型以上拖拉机 65HP 为主要配套动力，以适应我国农村动力现状。

（3）研制动力消耗小的施肥开沟器。

（4）研制新型的精密膜上排种器，提高播种质量。

（5）研制新型抛物线输种管，保证在高投种条件下种子能够均匀落入播种沟中，减少粒距变异量。

（6）研究 6 行三组工作部件都可以实现单独仿形，能最大限度地适应地块。

3．膜上播种一体机的主要参数及性能指标

（1）配套动力：65HP 以上拖拉机；

（2）播种行数：6 行；

（3）播种作物：玉米膜上打孔精量穴播；

（4）适合行距：40～60cm；

（5）播种质量：玉米粒距合格率≥90%、重播率≤2%、漏播率≤3%；

（6）适用范围：大垄双行覆膜地块。

14.2.2　主要研究内容

（1）开展膜上播种一体机的总体配置和改进工作，针对玉米膜下滴灌对农业耕作的实际需求，从便于使用和提高效率的角度对现有的各类型机型进行比选与优化，完成一体机开发与集成，可以一次实现喷洒农药、施肥、铺带、铺膜、播种、覆土、镇压等作业。

（2）针对目前气吸式膜上播种机单组四连杆增压结构复杂、拆装困难、压力调节不便等因素，研究设计结构简单、便于拆装的可调式播种单组增压机构，满足增压的同时方便调节压力的大小。

（3）通过相关技术的研究应用，优化排种器吸种孔型式、吸种孔直径、吸种孔数量、气吸室真空度和排种盘转速等关键参数。根据风量特性曲线，优化风机排风量和真空度，提高排种器性能减少漏播率。

（4）采用主副梁机架，工作单组通过平行四联杆机构与机架连接。

（5）采用人字形分土器，解决了分土量不够的问题。

（6）设计有二次分种装置，保证种子进入鸭嘴尖部的时间。

（7）各组工作部件都可以单独仿型，最大限度适应地块。

（8）设计了地膜张紧装置，使地膜与地面的贴合度好，减少了打孔后种子漂移问题。

14.2.3　关键部件的研究与设计

根据上述的研究和总体设计要求，解决膜上播种一体机的技术关键是：气吸式排种器；播种单体设计参数和关键部件。

1．气吸式排种器

本项目研究的排种器属于气吸排种器，是由汽油机作为动力带动风机作为气源，采用轮式排种。其特点是：采用汽油机带动风机作为气源给使用者带来方便，使其结构更加简单；采用轮式排种去掉了风对吸盘的阻滞现象，使其转动更灵活，滑移率大大降低。汽油机驱动的气吸排种器（如图 14-1所示）由充种区、清种区、护种区、剔种区四个区域组成。

图 14-1　气吸式排种器

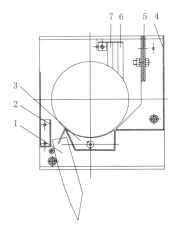

图 14-2　气吸排种器整体装配

1—输种管；2—接种盒；3—剔种盒；4—种箱；

5—调节板；6—长清种器；7—短清种器

充种区就是指当排种轮转动时，所吸附到种子的区域范围，关键就在于充种区域范围的大小是否对吸种有影响。工作时排种轮经过充种区吸附到种子，继续转动到达清种区，凭借清种器刮掉多余种子，通过护种区进入剔种区。当到达剔种盒时，种子就会被剔种盒外缘的刮种片碰落，完成播种过程。

清种区就是指在此区间我们要确保种子的单粒性，即保证每个吸种孔只吸附一个种子进入下一环节，清除掉多余的种子。

护种区就是指清种区与剔种区的衔接区域。吸种孔吸附种子经过清种区，虽然有清种器，但是单粒率还是不会达到 100%，有重播现象，即吸种孔有时会附有 2 粒或 3 粒的种子进入护种区。由于吸种孔两侧的种子受到的吸力较小，当达到护种区时，由于惯性和种子自身重力的影响，会使其脱离吸种孔吸力的范围，提前从排种轮上脱落。没有到达剔种区内就掉落到地上，从而使株距发生变化，影响播种效果。为此，在此区域加上一个接种盒，如图 14-2 所示中部件 2。当种子脱落后会顺着护板落到接种盒内，从而避免了多余种子落地，减小了重播率，有效地提高了播种质量。

剔种区就是指种子脱离排种轮下落的区域。工作时，种子随着排种轮转到此区域时，由于排种轮内整体是一个吸室空间，工作时无论怎么转动，吸种孔上都会有吸力的存在。因为吸种孔的吸力大于种子自身的重力，种子不会自然下落，所以只能采取强制排种方法。即在此区域装上了一个刮种装置，如图 14-2 所示中部件 3。

汽油机驱动气吸式排种器的工作原理是在一个真空的圆滚四周排有均匀的吸孔，尽可能地确保滚轮内密封。汽油机开始工作，这时会产生很强的吸力充斥在滚轮内。机器作业时，经过链条传动带动滚轮转动，由于滚轮里面有很强的吸力，所以当滚轮转动经过充种区时，种子就会被吸附到滚轮的吸孔上。当吸种孔转到剔种区，剔种装置使种子坠落，完成播种工作，如图 14-3、图 14-4 所示。

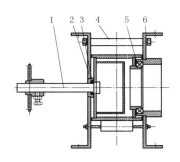 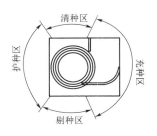

图 14-3　气吸排种器（1）　　　　图 14-4　气吸排种器（2）

1—排种轮焊合；2—左侧板焊合；3—小轴承；

4—调节架；5—大轴承；6—右侧板焊合

（1）排种轮的设计。排种轮（如图 14-5 所示），它是排种器的关键部件。排种轮的一端是排种器的传动轴，工作时由播种机的传动系统通过链轮连接到排种轮传动轴上，从而带动排种轮的转动。

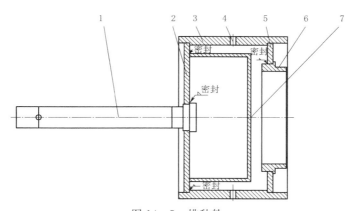

图 14-5　排种轮

1—排种轮传动轴；2—小孔幅板；3—排种轮；
4—吸种孔；5—大孔幅板；6—套；7—密封筒

排种器工作时在吸室的另一端连接汽油机，安装时要尽可能地确保吸室内密封。汽油机运转，并发出一定的吸力。把吸室内的空气逐步抽成真空（理想状态），这样吸力透过吸种孔吸附着种子一起随着排种轮转动。所以排种轮的吸室要确保密封，排种轮的设计有以下几个关键点。

（a）排种轮直径的确定。据市场调查，国内市场播种机十分普及，而且现在对播种机的工作效率要求也很高。目前播种机的播种速度大部分都适合高速工作，需要排种器要适合高速运转而不影响播种效果。

气吸排种器就是一种适合高速运转的产品，对排种轮的直径大小有所要求。对于排种轮直径的确定，需要考虑在保证株距不变的前提下，播种机速度越快，相应排种轮上的吸孔数量需要增加，为了保证播种质量，相应的排种轮直径需要加大。

（b）排种轮的吸种孔的数量及形式的确定。

a）吸种孔数量的确定。吸种孔的数量与播种速度、频率及株距有关，吸种孔的数量应在不影响排种器吸种、清种和剔种的情况下尽量多些，以便提高播种速度。在排种轮直径一定的情况下，如果吸种孔的数量过多，两孔间就会出现吸种相互干扰的现象，使种子在排种轮上的排列出现混乱，导致排种性能降低。

b）吸种孔形式的确定。工作时，每个吸种孔会吸附着种子随之转动，所以对吸孔的大小和吸种孔产生的吸力就会有一定的要求。可采取的吸种孔形式有两种：锥孔式吸种孔和直孔式吸种孔，如图 14-6 所示。

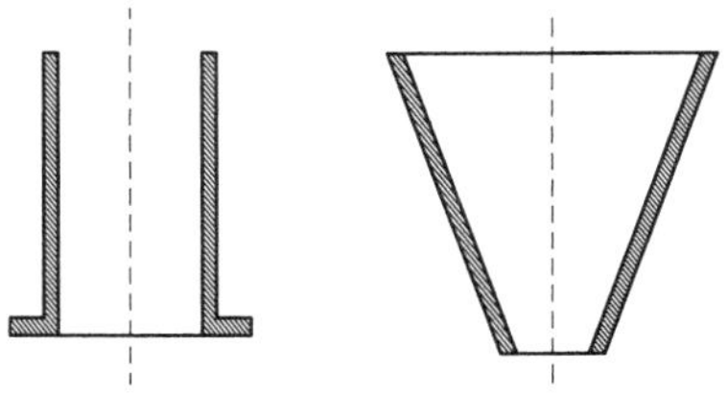

经过对这两种形式的吸种孔的多次试验，发现锥

(a)直孔式吸种孔　　(b)锥孔式吸种孔

图 14-6　吸种孔形式

孔式吸种孔的漏播率要比直孔式吸种孔的小,是锥孔式吸种孔的优点。但是反过来它也有一定的缺点:因为是锥孔,排种轮工作时种子被吸附到孔里,所以它对种子的形状尺寸有所限制,即锥孔的大小得须随着种子的尺寸大小而改变;排种轮工作时每个锥孔里有可能吸附两粒或三粒种子,给清种工作带来了很大的困难;由于排种轮内整体是一个吸室空间,工作时无论怎么转动,吸种孔上都会有吸力的存在。当种子到达剔种区时,由于吸力的作用,使种子不会凭借重力而自然下落。

需要剔种装置。因为种子在锥孔内,所以很难剔种,会带来种子破碎、吸室漏风等很多问题。

c) 吸种孔径大小的确定

在相同的压差下,孔径的变化会对排种器吸种能力有所影响。吸孔直径增大会使吸种能力增强、减少漏播现象,但是相对的也可能增大重播率。所以吸种孔径的大小要考虑以上因素,通过反复试验,选择一个合理的数值。

(2) 排肥传动比的计算。设计中选用的排肥器的工作转速与排种器的工作转速相近,故传动比接近 0.33 即可。传动轮 $D = 830$ mm、小胶轮 $d = 300$ mm、链轮 $z_1 = 17$、链轮 $Z_2 = 30$,排肥使用的链轮 $Z_9 = 30$,$Z_{10} = 15$,故传动比

$$i = \frac{z_{10} \times z_2 \times d}{z_9 \times z_1 \times D} = \frac{15 \times 30 \times 300}{30 \times 17 \times 830} \approx 0.32,$$ 可以满足要求。

2. 播种单体设计参数和关键部件

播种单组是完成播种作业的主要工作部件,播种单组主要由平行四杆仿形机构、双圆盘播种开沟器、抛物线输种管、覆土限深轮、镇压轮等组成,如图 14 - 7 所示。

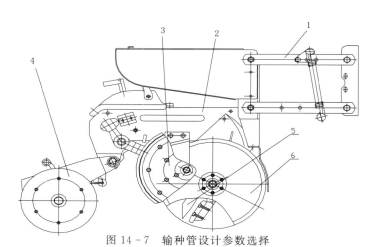

图 14 - 7 输种管设计参数选择

1—平行四杆仿形机构;2—播种单体架;3—覆土限深轮
4—镇压轮;5—抛物线输种管;6—双施肥开沟器

(1) 平行四杆仿形机构的设计。播种的每一个单组都通过平行四杆机构连接在机具的主梁上,平行四杆机构可以随地面垂直上下单体仿形,保持工作时入土工作部件的入土角不变,且能保持在起伏不平地块上作业,播深基本保持稳定。

(a) 仿形量的确定。该机由于是 6 行作业,对播种的 6 行一致性有一定的要求,因此

上、下仿形范围确定为 9cm，设计播种深度为 2～8cm。

（b）四连杆长度的确定。考虑上仿形角度以不超过 15°，下仿形角度不超过 30°，保证开沟器的入土性能，且传动可靠，此时可算出上、下杆的长度：

$$\frac{9}{\sin 15°}=34.8, \quad \frac{18}{\sin 30°}=36$$

在保证机具仿形效果的前提下，取上、下杆长度为 34cm，试验中不影响播种效果。前后杆的长度以不干涉传动和运动为宜选取。由于四连杆长度较大，为了防止机具在工作中的横向摆动，下四连杆分别用圆管和支撑筋横向连接，增强播种的稳定性。试验中发现在地块较硬的情况下，各刀盘有入土不深的情况，针对这种现象，在四连杆上、下杆之间安装了加力弹簧，保证了在地表起伏较大和地块较硬的时候的播种深度和一致性。

（2）双圆盘施肥开沟器的设计。双圆盘开沟器由开沟器体、圆盘、圆盘毂、开沟器轴、防尘盖等组成。圆盘的直径设计为 Dp380mm，厚度 4mm，刃口 0.5mm，用 65Mn 钢板制作。圆盘的夹角 $\varphi=14°$，焦点的位置夹角 $\beta=70°$，则开沟的宽度 b 的计算如下：

$$b=\text{Dp}（1-\cos\beta）\sin\frac{\varphi}{2}=380×（1-\cos 70°）×\sin\frac{14°}{2}=30.5\text{mm}$$

双圆盘开沟器的结构如图 14-8 所示：

（3）物线输种管的设计。输种管是将种子直接送到沟内，膜上播种一体机的输种管是配合双圆盘开沟器使用的末端带抛物线形式的输种管。它可使种子沿抛物线下滑时，改变种子的运动方向，使它向后滑动，在种子离开输种管下口时，具有向后的速度。此速度的水平分速度能减小种子下落时相对地面的水平速度，可以改善播种机前进速度所造成的种子落入种沟时的弹跳和滚动，从而提高了株距均匀性。本机采用的输种管上部为直线段，下部为抛物线段，抛物线段的方程为：

$$y=-0.01x^2+2.7x$$

当种子沿输种管向后滑动，离下口时得到的水平速度为 $v_s=7.4\text{km/h}$。因此，播种机作业速度在 7～8 km/h 时，接近于零速播种，很好地提高了播种的均匀性。输种管的形式如图 14-9 所示。

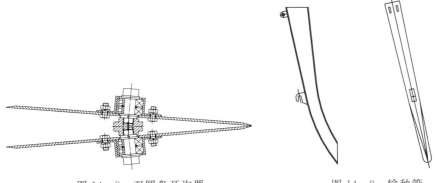

图 14-8　双圆盘开沟器　　　　　　图 14-9　输种管

　　排种器工作时，种子在下落的过程中由于受惯性、重力和风力等外界因素的影响会产生一定的变异，从而使株距发生变化，影响播种效果。为此设计了一个导种装置，即输种管。输种管带有一定的弧度，因为种子下落时有一定的冲击力，撞到输种管壁上会使种子下落的方向发生不规律的变化。种子方向在发生改变之后，最终会落到这段圆弧上，顺着弧度稳定地自然下落，减少了株距的变化，保证了良好的播种效果。

　　（a）输种管工作面曲线的确定。为了使种子在输种管内能按要求不断地均匀地改变运动方向，又不发生弹跳与碰碰撞，就要保证种子与输种管工作面间的正压力呈线性增加，不能有突变。

　　种子沿工作面下滑时的受力情况与曲线斜率的关系（图 14-10）因 $\tan\alpha = F/N$

　　式中：α 为曲线 $y=f(x)$ 上 M 点处切线与 x 轴夹角；F 为种子的滑力；N 为种子受导种管工作面的正压力。

　　因曲线方程 $y=f(x)$ 的导函数：$y=f(x)=\tan\alpha$

　　说明种子沿导种管工作面曲线下滑时受到的正压力（N）与下滑力 F 的转化率等于曲线的斜率。

　　抛物线的一般式可表示为式（14-1）：

$$y=ax^2+bx+c \qquad (14-1)$$

　　其导函数为：$y=2ax+b$ 即：$F/N=2ax+b$

　　说明抛物线正好可以满足种子受到的正压力 N 与种子下滑力 F 的转化率呈线性增加的要求。

　　经过反复的台架试验与修正，确定了最佳曲线如图 14-11 所示。将坐标原点选在输种管末端 B 点（输种管起点为 A），并测各点坐标。

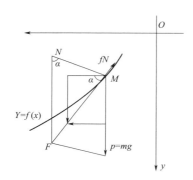 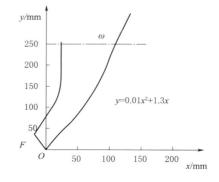

图 14-10　种子受力分析　　　图 14-11　输种管工作与曲线的确定

表 14-1　　　　　　　　　　　　　输种管试验数据表

X/mm	0	35	50	60	70	80	100	120
Y/mm	4	60	90	104	140	170	220	300

　　将数据分组代入式（14-1），列出几组以 a、b、c 为未知数的三元一次方程，求出 a、b、c 的平均值：$a=0.01$，$b=1.3$，$c=0$。

因此，此抛物线方程为

$$y = 0.01x^2 + 1.3x$$

其导函数：

$$y = 0.02x + 1.3$$

求出抛物线顶点坐标为

令：$\tan\alpha = 0.02x + 1.3 = 0$

$$x_0 = -65$$

$$y_0 = -42.25$$

将坐标原点移至抛物线顶点，则此抛物线方程为

$$y = 0.01x^2$$

按此方程绘出的抛物线即为所求得的输种管工作面曲线（如图 14 - 12 所示）。

（b）输种管设计参数的计算。种子相对于输种管出口水平分速度 V_{BX} 的计算

根据动能定理：

$$\frac{1}{2}mV_B{}^2 - \frac{1}{2}mV_A{}^2 = W_p - W_f \qquad (14-2)$$

式中　m——种子质量；

　　　V_B——种子相对输种管出口速度；

　　　V_A——种子刚进入输种管时的初速度；

　　　W_p——种子在通过输种管过程中重力所做的功；

　　　W_f——在种子下滑过程中摩擦力所做的功。

$$W_f = \int_B^A f\,N\,\mathrm{d}s \qquad (14-3)$$

式中　f——种子与输种管间摩擦系数；

$N = mg\cos\alpha$（如图 14 - 13 所示）；

　　　g——重力加速度 $9.8\mathrm{m/s^2}$；

$\mathrm{d}s$——种子下滑路程的微分（$\mathrm{d}s = \dfrac{\mathrm{d}x}{\cos\alpha}$），将 $N = mg\cos\alpha$ 与 $\mathrm{d}s = \dfrac{\mathrm{d}x}{\cos\alpha}$ 代入式（14 - 3）得

$$W_t = \int_{x_B}^{y_A} mg\,\mathrm{d}x = fmg(x_A - x_B) \qquad (14-4)$$

设 $x_A - x_B = 1$（输种管工作面曲线水平宽度）代入式（14 - 4）得

$$W_f = fmgl \qquad (14-5)$$

$$W_p = mg(y_A - y_B) = mgh \qquad (14-6)$$

式中　h——输种管高度。

又

$$V_n = \frac{V_{BX}}{\cos\alpha} \qquad (14-7)$$

将式（14 - 5）、式（14 - 6）、式（14 - 7）代入式（14 - 2）得

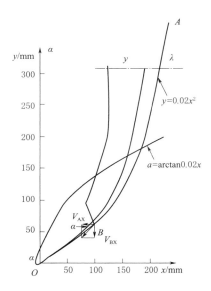

图 14 - 12　输种管工作面曲线

$$\frac{1}{2}m\left(\frac{V_{BX}}{\cos\alpha_B}\right)^2 - \frac{1}{2}V_a{}^2 = mgh - fmgl$$

整理得

$$V_{BX} = \cos\alpha_B\sqrt{2g(h-fl)+V_A{}^2} \qquad (14-8)$$

输种管选塑料为材料，种子与导种筒间摩擦系数 $f=0.3$；种子进入输种管时的入口速度 V_A 是由排种器结构与工作速度决定的。排种器在设计高速播种时 $V_A=0.314\mathrm{m/s}$。将 g、f、V_A 具体数值代入式（14-8）得

$$V_{BX} = \cos\alpha_B\sqrt{19.6(h-0.3l)+0.099} \qquad (14-9)$$

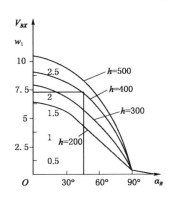

图 14-13 输种管设计参数选择

式（14-9）为输种管种子出口水平分速度 V_{BX}、出口角度 α_B 与输种管高度 h 的数学关系式。按此式绘出 $V_{BX}-\alpha_B-h$ 曲线束如图 14-13 所示。

对膜上排种器的改进与试验研究。主要对原来较成熟的膜上排种器进行改进提高，使其继续保持原有排种器的成本低、工作可靠、结构简单的优点，同时在性能上优于（至少不低于）其他精密排种器（如黑龙江农机院的勺式排种器、吉林省农科院的窝眼轮式排种器等）。

（4）播种机主要数据计算。播种机采用行走轮传动，运输与作业状态的切换由机手操作拖拉机的液压输出控制液压缸，当液压缸升起时，传动小胶轮与行走轮分离，为运输状态；当液压缸落下时，传动小胶轮与行走轮接触，为播种作业状态，经链传动带动排种轴工作。

播种总传动比 i 的计算，根据本机设计的传动比可按式（14-10）计算。

$$i = \frac{za}{(1+\delta)\pi D} \qquad (14-10)$$

式中　D——传动轮直径；

　　　δ——播种机传动轮的滑移率；

　　　z——排种轮的型孔数；

　　　a——株距。

本机初定 $D=830\mathrm{mm}$，δ 取 15%，$z=5$（精播），$a=200\mathrm{mm}$

则得 $i = \dfrac{za}{(1+\delta)\pi D} = \dfrac{5\times200}{(1+15\%)\times3.14\times830} \approx 0.33$

设计与传动轮配合的小胶轮的直径为 $d=300\mathrm{mm}$，同轴的链轮 $Z_1=17$，下一轴链轮 $Z_2=30$，同轴链轮 $Z_3=17$，下一轴链轮 $Z_4=17$，同轴链轮 $Z_5=29$，下一轴链轮 $Z_6=15$，同轴链轮 $Z_7=19$，末级链轮 $Z_8=19$，则设计传动比

$$i_s = \frac{Z_8\times Z_6\times Z_4\times Z_2\times d}{Z_7\times Z_5\times Z_3\times Z_1\times D} = \frac{19\times15\times17\times30\times300}{19\times29\times17\times17\times830} \approx 0.33，满足传动要求。$$

验算株距 $a = \dfrac{(1+\delta)\pi Di}{z} = \dfrac{(1+15\%)\times3.14\times830\times0.33}{5} = 198\mathrm{mm}$

其中传动轮、小胶轮、链轮 Z_1、Z_2、Z_3、Z_4、Z_7、Z_8 为固定尺寸和齿数，通过更换链轮 Z_5、Z_6 可以调节不同的株距。

（5）覆土限深轮的设计。本机由于开沟器开沟较窄，故未设专门的覆土器，而是通过限深轮的挤压作用将开沟器分出的土挤回沟内完成覆土。限深轮采用钢板卷制焊接轮圈，薄钢板双辐板，轮圈外包橡胶防止黏土。每个播种单组安装两个限深轮，两个限深轮独立安装在曲形拐臂上，拐臂左右对称的安装在双圆盘开沟器的后外侧。曲形拐臂的后部有限制凹孔，限制柄连接两个拐臂。调节手柄的下部铰接在播种单体上，中部与限制柄相连，上部有突笋，可以调节到不同的位置。通过手柄位置的不同，可以限制限深轮向上摆动的高度，从而达到限制播种单体工作深度的作用。

（6）镇压轮的设计。覆土以后，要通过镇压来减少土壤中的大空隙，减少水分蒸发，使土壤保墒；可以加强土壤毛细管作用，使水分沿毛细管上升，起到"调水"和保墒的作用；可以使种子与土壤紧密接触，有利于种子发芽和生长；春播镇压还可以适当地提高地温。本机的镇压轮采用铸造轮体，外挂橡胶，防止黏土。每个播种单组安装两个轮，两个轮呈 $45°$ 夹角，上宽下窄，在镇压的同时也可将两侧的土壤压入播种沟内。镇压轮架前端铰接在播种单体的后端，通过弹簧调节镇压轮的镇压力，调节手柄向后拉，镇压力增大，手柄前推，镇压力减小。

14.3　样机测试

14.3.1　测试要求

试验样机与配套拖拉机应有良好的技术状态，按规定进行使用、调整、保养。机车的牵引功率及悬挂机构的提升能力不得低于额定值。试验前对仪器和设备进行校正和检查。仪器和设备必须完备，计量器具应在规定的有效检定周期内。

试验所用的种子应采用说明书规定的种子进行性能试验，种子要洁净，不能有杂物。种子的外形尺寸、千粒重、含水率、原始破碎率按 GB/T 5262《农业机械试验条件》的规定进行。

选择有代表性的试验地，要有留茬地，试验地应平坦，坡角不大于 $5°$，长度一般不小于 $50m$，测区长选 $20m$，两种主要工作状态（播种与施肥）要分别进行测定。播种作业时，要求地表不应硬土块，杂草、秸秆不宜太多，土质要松软。

14.3.2　残茬的测定方法

1. 残茬覆盖率的测定

用 $100m$ 长的绳子沿地块对角线拉开，每隔 $20cm$ 做记号，统计记号下有残茬的点数 D_2，再除以总记号数（测定点数）D_1，每个地块测定 5 次取平均值。残茬覆盖率按式（14-11）计算。

$$F = \frac{\sum \dfrac{D_2}{D_1}}{5} \times 100 \qquad (14-11)$$

式中　F——残茬覆盖率,%;

　　　D_1——测定点数;

　　　D_2——测定有残茬的点数。

2. 残茬覆盖量的测定

在测试的地块,按照对角线法选 10 点,每点用 1m×1m 的测试框取样;拣出测试框内的全部残茬(不包括埋在土下面的根茬);将根茬烘干至含水率不大于 25%,称重后求平均值,残茬覆盖量按式(14-12)计算。

$$W = \frac{\sum W_i}{10} \qquad\qquad (14-12)$$

式中　W——测区残茬覆盖量,kg/m²;

　　　W_i——每个测点在残茬覆盖量,kg/m²。

14.3.3　性能试验

1. 播种合格率、漏播率的测定

播种机正常作业状态下,取 100 个测试段,测定记录每个测试段内播下的实际种子粒数,按式(14-13)算段粒数合格率,按式(14-14)计算空段数。

$$D_1 = \frac{\sum C_h}{C_z} \times 100 \qquad\qquad (14-13)$$

式中　D_1——段粒数合格率,%;

　　　C_h——测区内所播种子合格段数;

　　　C_z——测定的总段数。

$$D_2 = \frac{K_i}{C_z} \times 100 \qquad\qquad (14-14)$$

式中　D_2——空段率,%;

　　　K_i——空粒的段数。

测试结果见表 14-2 和表 14-3。

表 14-2　　　　　　　　　　排种器播种均匀性测定统计表

序号	机具作业速度/(km/h)	籽粒破碎率/%	排种性能			播种精度		
			合格率/%	重播率/%	漏播率/%	平均值/cm	标准差/cm	变异系数/%
1	4	0.41	90.29	5.45	4.26	18.306	4.233	23.124
2	5	0.25	93.65	3.38	2.97	19.774	5.107	25.827
3	6	0.23	94.81	3.65	1.54	18.097	4.07	22.49
4	7	0.16	94.56	3.09	2.35	18.733	4.132	22.06
平均	5.5	0.262	93.328	3.892	2.78	18.73	4.386	23.41

表 14 - 3 　　　　　　　　　漏播报警准确率测定记录表

项目次数	测定播种粒数/粒	漏播次数/次	报警次数/次	合格率/%
1	180	4	4	100
2	150	2	2	100
3	200	6	6	100
4	240	6	6	100
5	160	3	3	100

2. 漏播报警准确率测定

播种机正常作业状态下，选择 5 个测试区，每个测试区长度不定（30～100m）。每个测区都记录下报警次数、播下的种子粒数和漏播粒数，从而计算出报警率。

测试结果见表 14 - 4。

表 14 - 4 　　　　　　　　　　播 种 深 度 测 定 表

测点	1/cm	2/cm	3/cm	4/cm	5/cm	6/cm	7/cm	8/cm	9/cm	10/cm	平均值/cm	一致性系数/%
1	5.2	6.1	4.5	3.6	4.7	4.5	4.9	5.3	4.7	5.1	4.85	90.5
2	4.5	4.6	3.7	4.3	4.6	4.2	4.4	2.9	4.1	4.4	4.17	91.3
3	4.6	4.9	3.2	4.5	5.4	4.2	3.8	4.5	5.1	4.7	4.49	89.5
4	5.2	4.3	5.1	4.7	3.9	3.5	3.7	3.8	4.9	3.7	4.29	86.3
5	3.7	4.1	3.9	4.4	3.8	4.3	3.6	2.9	3.6	3.5	3.78	91.2
6	5.0	4.8	4.8	4.7	3.9	3.6	4.2	5.1	3.8	4.5	4.44	89.6
平均一致性系数												89.7

3. 施肥性能测定

播种机在不行走的情况下，正常运转，断掉播种传动，排肥正常工作。选择固定的时间段，在同样的时间段对每行的施肥量进行测定，重复 5 次。根据每行施肥量大小的变化，计算出各行的标准差及变异系数。

测试结果见表 14 - 5、表 14 - 6。

表 14 - 5 　　　　　　　　　肥料物理机械特性统计表

肥料名称	容重/（g/cm³）			平均容积重/（g/cm³）
	1	2	3	
二胺	8.78	9.04	9.14	8.99

表 14 - 6 施 肥 深 度 测 定 表

行次	种下施肥深度/cm										平均值/mm	标准差	变异系数/%
	测点												
	1	2	3	4	5	6	7	8	9	10			
1	11.5	10.0	10.0	10.3	11.0	9.9	10.0	10.5	10.5	10.5	10.4	0.41	9.18
2	10.0	9.5	10.3	9.5	10.5	9.8	9.0	9.5	10.0	9.8	9.8	0.43	9.15
整机											10.1	0.42	9.165

4. 播种作业通过性的测定

行间播种机按使用规定的作业速度进行作业，测区长度不小于 60m，往返一个行程，观察机具在作业过程中是否能连续正常作业，残茬对机具的堵塞程度，是否影响播种质量。

5. 入土性能测定

在中等壤土、平做条件、土壤含水率 10%～25% 的条件下，行间播种机按规定的作业速度进行作业，观察机具在作业过程中开沟器能否顺利入土，连续正常作业。

6. 可靠性考核

行间播种机的使用可靠性（有效度）、平均首次故障前作业量按 JB/T 10293《单粒（精密）播种机技术条件》的规定进行。种肥间距的测定按 GB/T 9478—2005《谷物条播机试验方法》规定进行。

测试结果见表 14 - 7～表 14 - 11。

表 14 - 7 各行排种（肥）一致性统计表

行、次	排肥性能测定（设定排肥量：40kg/亩；以行距 1300cm 计）						行总平均	各行标准差 S	各行变异系数/%
	次 1	次 2	次 3	次 4	次 5	行平均			
行 1	709.61	775.45	867.36	811.45	798.71	792.52			
行 2	791.62	697.31	649.52	808.25	663.58	722.06			
行 3	786.25	667.36	956.28	811.54	997.46	843.78	775.1	53.52	6.98
行 4	898.84	678.36	861.54	787.14	882.35	821.65			
行 5	734.29	807.36	701.42	651.32	665.31	711.94			
行 6	807.32	754.62	768.23	663.65	808.63	760.49			
次总量	4727.93	4380.46	4804.35	4533.35	4816.04		实际播量：kg/亩		
次总排量平均	4652.43								
总排量标准差 S	141.23						40		
总排量变异系数 V/%	2.89								

表 14 - 8　　　　　　　　　　　　　　试 验 地 调 查 统 计 表

项　目			测定结果				
试验地特征	前茬和田面情况	前茬作物名称	玉米				
		留茬情况	留茬				
		垄距	130cm				
	土壤绝对含水率/%	土壤类型	沙壤土				
		层平均值 0~10	15.7	14.7	9.9	12.7	11.9
		层平均值 10~20	17.8	18.1	15.5	16.8	17.4
		层平均值 20~30	19.2	24.2	18.9	20.1	21.2
		总平均值 0~10	12.98				
		总平均值 10~20	17.12				
		总平均值 20~30	20.72				
	土壤坚实度/(g/cm²)	层平均值 10 处	8.7	6.1	8.5	11.3	7.6
		层平均值 20 处	15.1	9.6	12.3	20.5	14.2
		层平均值 30 处	27.1	16.3	19.4	25.9	19.8
		总平均值 10 处	8.44				
		总平均值 20 处	14.34				
		总平均值 30 处	21.7				

表 14 - 9　　　　　　　　　　　　排种器播种均匀性测定统计表

序号	作业速度/(km/h)	籽粒破碎率/%	排种性能			播种精度		
			合格率/%	重播率/%	漏播率/%	平均值/cm	标准差/cm	变异系数/%
1	4	0.21	90.61	5.65	3.74	19.857	5.745	24.98
2	5	0.38	92.45	5.32	2.23	21.32	4.548	22.33
3	6	0.27	91.69	4.1	4.21	19.857	5.745	22.98
4	7	0.32	93.55	3.75	2.7	21.32	4.548	20.33
平均	5.5	0.31	92.08	4.71	3.22	20.59	5.15	22.66

表 14 - 10　　　　　　　　　　　　生 产 查 定 统 计 表

项　目			班　次			平均
			1	2	3	
总延续时间	班次时间	作业时间	纯工作时间/min	196	215	237	212.67
			地头转弯空行时间/min	33	39	39	37
			工艺服务时间/min	59	72	83	49.67

续表

项 目			班 次			平均
			1	2	3	
总延续时间	班次时间	非作业时间	调整保养时间/min	30	35	37	34
			样机故障时间/min	20	15	12	15.67
		1km 以内空行转移时间/min	0	0	0	0
	非班次时间	拖拉机调整、保养和故障排除时间/min	30	20	20	23.33
		1km 以上空行转移时间/min	0	0	0	0
		自然条件造成停机时间/min	0	3	0	1
		组织不善造成停机时间/min	0	0	0	0
		其他原因造成停机时间/min	0	0	0	0
作业量/亩			127.50	159.00	163.50	150.00
主油料消耗/kg			30.4	35.2	36.6	34.1
纯工作小时生产率/（亩/h）			39.00	44.40	41.40	41.55
主油料消耗率/（kg/亩）			0.24	0.22	0.22	0.23

表 14 - 11 　　　　　　　　　　　　使用经济指标综合表

项 目		指 标
产率（亩/h）	总延续时间生产率	24.15
	作业时间生产率	30.15
时间利用系数/%，作业时间/（班次时间＋非班次时间）		80.18%
使用可靠性系数/%，（班次时间—样机故障时间）/班次时间		95.51%
保养调整方便性系数/%，（班次时间—调整保养时间）/班次时间		90.26%

7. 国内几种气吸播种机性能对照表

本项目结合国内的机械式一体机和气吸式一体机的优缺点设计了这款针对"大垄双行—膜下滴灌"种植模式的大型的气吸式膜上播种一体机。与国内几种气吸播种机性能对照见表 14 - 12。

表 14 - 12 　　　　　　　　　　国内几种气吸播种机性能对照表

型号	垄距/cm	行数	播种深度/cm	重播率/%	漏播率/%	破籽率/%	粒距合格率/%	作业速度/（km/h）
2BQD - 6	110	6	3~7	≤4	≤3.3	≤1	≥95	8~10
2MBQ - 4	65	4	2~3	≤7	≤5	≤2	≥90	3~4
2MBQ - 4	70	4	2~5	≤6.5	≤4.7	≤1.7	≥90.2	4~6
2BQZ - 7	65	2	3~7	≤5.3	≤3	≤1.1	≥93.5	4~6
2BQJ - 6	130	6	3~10	≤3.5	≤2.1	≤0.5	≥96	5

14.4　测试结论

（1）膜上播种一体机的性能测试指标，施肥深度 10cm、作业速度 5km/h、种子破损率≤0.5％。

（2）播种、铺膜等项作业均达到农艺技术指标的要求，满足膜下滴灌系统的需求。

（3）机具配置合理，单体播种采用仿行结构。可完成施肥、铺滴灌带、喷洒农药、铺膜、播种、覆土、镇压等项作业，结构简单可靠，安装调整方便。

第 15 章　残膜回收机研发

15.1　研发目的

　　农用塑料薄膜在自然条件下极难降解，如果将地膜遗留在土壤中，会对农业生产本身构成一系列严重危害，因此必须及时将地膜进行回收。

　　我国绝大部分地区使用的地膜材料是聚乙烯和聚氯乙烯[11]。这种材料在土壤中存留 200 年以上也不易降解，回收时大量残膜碎片留在泥土中，导致水分流通不顺畅，阻碍土壤与空气交换，使土壤中的微生物难以存活，致使土壤板结，一些区域可能会导致土地的盐碱化，造成农作物产量的大幅下降。特别是经过风吹、掩埋或者焚烧之后在田间地头随处可见，严重污染了农民的生活环境与空气质量，最终导致严重的"白色污染"[12]。

　　以吉林省为例，推广玉米大垄双行膜下滴灌种植模式以来使用地膜已达 4 万 t。由于使用过的地膜难以被完整地回收，有很大部分残膜被翻入土壤并逐年累积。这种现象主要有两个缺点：第一，残膜造成土地的严重污染，第二，由于残膜阻碍作物对水分和养分的吸收，使作物的产量下降。有资料表明：连续三年残膜没有清理的地块，玉米产量将下降 10%。因此，只有治理残膜污染，才能保护农田的生态环境和可持续发展[13]。

15.2　研发过程

15.2.1　设计方案及技术关键

　　1. 设计方案

　　（1）不避开根茬作业：

　　1）由于收膜都是在整地之前，所以必须考虑根茬和秸秆的问题，因此在机具前端设计了可调角度的铲式结构作为起膜的关键部件。

　　2）在起膜铲后面安装两层输送链条作为输送残膜、土、根茬等混合物的载体，输送到集膜箱。由于链板与链板之间有均匀的间隙，链板在运输过程中产生的抖动使土落下，实现膜土分离。

　　3）第二层输送链条的外观设计是为验证在野外与静电发生器配合进行静电吸附小块残膜试验做准备。

　　4）后端设计有可翻转集膜箱，收集残膜。集满后，翻到指定处理点即可。

5) 设计 4 个行走轮，前端的两轮可调节高度。

（2）避开根茬作业：

1) 机具前端安装二片独立的圆盘切膜器，针对玉米根茬阻碍残膜整片回收，用切膜刀盘将地膜一分为三，分成左右垄侧各一条，垄上一条。作业时避开根茬。

2) 另外针对垄侧残膜被圆盘切膜器切断后残膜上有浮土的问题，在机具前部加装了一台漩涡风机和两个松土铲，利用风机产生的高速风流来吹浮土，接着利用松土铲铲起残膜实现膜土分离。

3) 后端加装长挑膜滚筒，挑膜滚筒采用伸缩弹齿式，挑膜时候，弹齿伸出，缠绕到卸膜位置时弹齿缩回。膜落到集膜箱。整个工作过程为挑、缠、卸三个环节，其中弹齿的伸缩和挑膜是关键环节。

4) 整机后端有限深轮，在作业状态时升起或下降，能起到限深的作用，减少了拖拉机的负荷，又可以使机具作业安全、平稳。

（3）铲筛式残膜回收。保留了方案中的前端铲刀式结构，由一个整体铲变成两个分体的铲，角度可调。中部链条输送改为一层链板输送结构，减少小块残膜在输送过程中掉落。增加了分离滚筒结构，实现根茬、残膜与泥土分离。后部设有集膜茬箱，收集从滚筒分离出来的根茬和残膜。前后设有四个行走限深轮，都能自由调节高度。与拖拉机连接采用牵引式，动力来源于拖拉机动力输出轴。

2. 技术关键

（1）对各个收膜部件的仿形性研究。

（2）起膜机构是设计重点，能够适用于东北垄作覆膜种植的不同作物，进行秋后收膜作业。

（3）分离滚筒的设计对收净率的提高起到关键作用，将重点研究滚筒的外形尺寸，表面形状；滚筒的运动轨迹、运动速率；滚筒网状结构的排列方式、排列密度；滚筒结构上的残膜清理；滚筒上的杂物与残膜分离技术进行理论分析。

（4）解决玉米气生根对残膜回收的影响，避免残留地膜与气生根发生缠绕从而降低残膜回收率。

（5）垄侧残膜回收技术。

15.2.2　残膜回收机的主要特点、参数及性能

1. 机具主要特点

（1）残膜回收机作业效率高，有利于抢农时、降低能耗、降低劳动强度、有利于增产增收。

（2）减少了对于环境的污染，有利于保护生态环境，对保护土地资源具有深远的意义。

（3）配套动力来源广泛，能耗低，操作维护简便，性价比高。

（4）适应性强，平作垄作皆可下地作业。

综上所述，残膜回收机的研究对于提高农业工作效率、降低劳动强度、保护土壤环境、提高农民收入、保证农业可持续发展等都有重要和积极的意义，对于加快建立现代农

业和绿色农业发展也具有重要意义。

2. 主要参数及性能指标见表 15 - 1。

残膜回收机性能参数如下：

残膜回收率（地表及土层深度 0～100mm）：≥80%。

表 15 - 1 残膜回收机的主要参数

序号	项 目	特征及参数
1	外形尺寸/mm（长×宽×高）	1824×1300×980
2	结构质量/kg	530
3	运输间隙/mm	450
4	工作行数/行	2
5	行距/mm	1300
6	工作幅宽/mm	1100
7	作业速度/（km/h）	5
8	生产率/（亩/小时）	3～6
9	回收率/%	≥80%

15.2.3 关键部件研究

1. 挑膜滚筒的研究

（1）工作原理。参考现有弹齿式残膜回收机，在一些结构上进行了改进。该机具采用与拖拉机三点悬挂的方式连接。前方起膜铲将垄侧边土壤铲松的同时将垄侧的残膜收拢到垄台上；垄台上的残膜在搂膜齿和挑膜滚筒的共同作用下，被滚筒卷起；当残膜运动到集膜箱边缘时，被集膜箱刮落[14]。整个机具自身没用动力，仅依靠地轮通过链轮将动力传送到滚筒上。鉴于大垄双行的种植模式导致垄侧残膜压在土壤下较难回收，增加搂膜铲能达到松土的作用。因此，搂膜铲的结构形式为曲面，安装时使其下边缘与地面成 45°，侧面与垄侧成 45°[15]。向前速度和曲面的共同作用下，使垄侧土壤松动并且收拢到垄台上。

（2）运动仿真[16]。目前挑膜滚筒的设计国内有几种比较成熟的方案，这里结合吉林省的地理环境和土壤条件。选择伸缩杆齿式。如图 15 - 1 所示。挑膜齿与凸轮铰接，凸轮固定不动。由滚筒自转带动杆齿沿凸轮轮廓滑动，以达到杆齿伸缩的目的。滚筒半径为 R，杆齿长度为 L，滚筒转过的圆心角为 θ。则杆齿端点的轨迹方程见式（15 - 1）：

$$x = R\sin\theta + L\sin\theta \qquad y = R\cos\theta L\cos\theta \tag{15 - 1}$$

用 ug 运动仿真后，获得挑膜齿运动轨迹为近似椭圆，如图 15 - 2 所示。

设定仿真时间为 1s，滚筒转速为 360r/min。得到位移曲线图和速度曲线图，见图 15 - 3 和图 15 - 4。

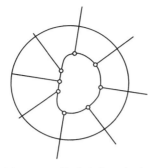 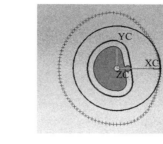

图 15-1　挑膜滚筒示意图　　图 15-2　挑膜齿运动轨迹示意图

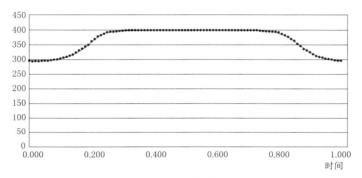

图 15-3　位移曲线示意图

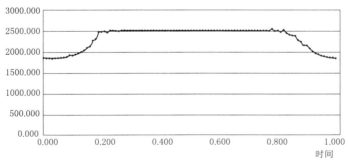

图 15-4　速度曲线图

由位移和速度曲线可以看出 0.1~0.3s 时，杆齿从滚筒中伸出；0.3~0.7s 时处于挑膜状态；0.7~0.9s 时杆齿开始收缩；0.9~1s、0~0.1s 时杆齿在滚筒内处于卸膜状态。

（3）挑膜齿运动学分析。图 15-5 为挑膜滚筒运动示意图，在收膜运动中，挑膜齿顶尖 M 点既绕滚筒运动，又与滚筒随机具前进，M 点的位移方程为

$$x=R（T-\sin T）-L\sin T, \ y=R（1-\cos T）-L\cos T \qquad (15-2)$$

式中　x、y——挑膜齿顶尖 M 点的坐标；

　　　R、L——滚筒半径和挑膜齿的径向长度；

T——挑膜齿顶尖 M 点旋转的角度。

挑膜齿顶尖 M 点的运动轨迹如图 15-6 所示,图中 v 为机具前进速度,ω 为滚筒转动的角速度,数字 0,1,2,3,…,10 分别表示挑膜齿顶尖在滚筒转动时所处的位置。

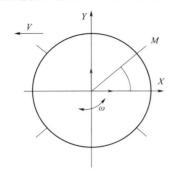

图 15-5 挑膜滚筒运动示意图

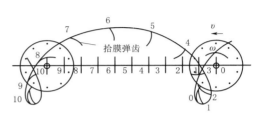

图 15-6 挑膜滚筒运动轨迹图

由图 15-6 所示,挑膜滚筒筒心由 0 点移动到 3 点时,挑膜齿完成入土、起膜、上拉这个过程。在该过程中,挑膜齿空间的运行轨迹对收膜非常有利。因为筒心在 0 点时,挑膜齿齿尖垂直于垄面,有利于挑膜齿入土;筒心移动到 2 点时,挑膜齿基本处于与地平面平行的位置,此时挑膜齿与残膜接触面积最大,因而残膜在挑起的过程中,不易被挑碎,筒心移动到 3 点附近时,残膜被上拉进入缠绕状态,筒心由 0 点移动到 3 点,虽然位移较大,但挑膜齿在整个运动过程中,基本在一个垂直平面内运动,筒心由 3 点移动到 10 点时,挑膜齿完成挑膜作业,进行缠膜作业状态。

2. 气吸式滚筒的研究

(1) 工作原理。首先,松动垄侧残膜上的积土,然后利用风机产生的高速气流吹掉浮土的同时切断两行苗带之间的残膜,使得残膜分成三个区域,然后利用三个旋转的滚筒上的钉齿,将残膜分别缠绕在滚筒上。

设计总体思路是用空心管轴代替原有的实心轴。管轴一端开口,以动密封装置使管轴开口一端与风机相连。收膜滚筒的支撑筋改为中空管作为风管,风管的在与滚筒壁连接的一端开有长孔作为风道出口。收膜滚筒随残膜回收机运动而转动的同时,风机开始抽风。在滚筒壁风道的出口处即产生负压,当滚筒离地面距离在一定范围内时,可以将附近的地膜吸附在收膜滚筒上。如图 15-7 所示:图中 1—空心管轴、2—与空心管轴焊合的轴头、3—残膜回收滚筒、4—风管、5—与风机连接的抽风管。5 与 1 之间采用动密封机构密封,使 5、1、4 形成密闭的风道。

(2) 气吸式残膜回收滚筒的流体场仿真[17]。首先将在三维实体建模软件 soildworks 中创建的三维实体模型通过兼容接口导入 ansys workbench 中,选择 cfx 模块。用 cfx 自带的填充功能将风道中的流体模型抽取出来。设定抽风管与风机相连接的一端为 outlet,风管与残模回收滚筒相连的一端长孔为 opening。设计选取的风机为青岛帕克机电科技有限公司生产的 2PB230 型离心风机,查风机说明书可知风机出口流速为 47m/s,因此在 cfx 前处理模块中设置 outlet 端流速为 47m/s,流体设置为 air at 25℃。求解得出风道中流体的流线图如图 15-8 所示。

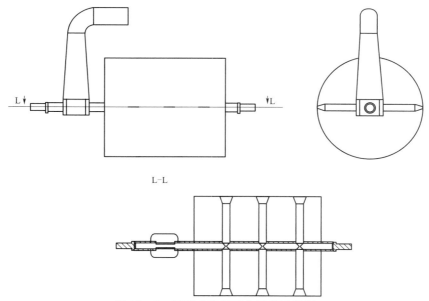

图 15 - 7　气吸式残膜回收滚筒示意图

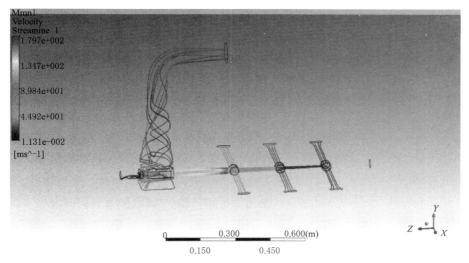

图 15 - 8　风道中流体流线图

由图可知风道中的最大流速为 179m/s，且不是发生在风管的开口处，说明风道中流体的损失较大。抽风管形式是连接风机部位直径较小，下端与中空管轴连接处直径较大，造成乱流影响空气在其中的流动性。轴向并列三根风管，只有靠近抽风管的一根流速约为 45m/s，其余两根几乎没有流速。经过流体场的 ansys 仿真，得知此结构设计不合理，应做出调整。

抽风管的结构形式改为"上粗下细"，靠近空心管轴的一端直径小于连接风机出口端。考虑轴向并列三根风管中，后两根不起实际作用，将其去掉改用一根风管。

修改后的三维模型重新导入 ansys workbench 中，设置同第一次仿真相同的仿真参数，进行重新模拟仿真。得出修改后的流线图 15 - 9 如下。

经仿真计算得出风管开口端流速为 188m/s，抽风管中流线较为平滑。设置后处理输出结果为压力，则显示为风道中风压的云图如图 15 - 10 所示。

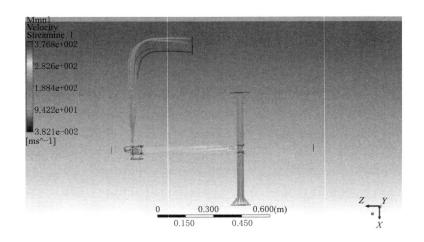

图 15 - 9　修改后的风道中流体流线图

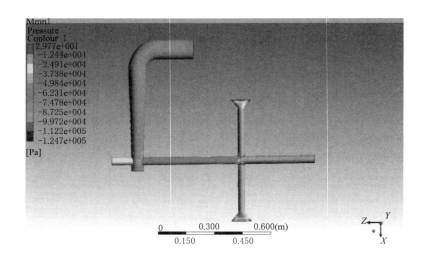

图 15 - 10　修改后的风道中流体压强图

从压力云图可知风管开口端的风压为 -4.98×10^4 Pa，大约为 -0.5 atm。可以将大田中残留的地膜吸附起来，符合设计初衷。

（3）设计小结。2016 年 3 月在生产了新型样机 1 台。

2016 年 4 月，样机进行了田间试验，作业需要的动力减小，整片残膜回收较好，但是存在着根茬附近的残膜回收率低、收起的残膜被根茬扎破从而影响收膜的问题。针对试验发现的问题，对图纸进行了改进和完善，对第一轮样机设计和第二轮样机设计进行了阶段性总结。

3. 铲筛式残膜回收机的设计

（1）机具主要参数。根据残膜回收机滚筒的转速的要求，可以计算出一些主要的参数、传动比，如图 15-11 所示。

拖拉机动力输出轴的工作转速为 540r/min，满足挑膜要求的滚筒转速在 70~90r/min，故总减速比为

$$I_{总} = \frac{540}{90} = 6$$

为保证机具的紧凑，本机采用两级传动，第一级转速较高，采用齿轮传动，第二级采用链传动。

图 15-11　气吸式残膜回收机

1）传动齿轮的计算。机具在工作时的冲击载荷较大，故选用齿轮模数 4mm，保证齿轮齿廓具有较高的强度。

选定小齿轮齿数 $z_1 = 17$，大齿轮齿数 $z_2 = 24$，压力角 $\alpha = 20$

则传动比：$i_{12} = \frac{n_1}{n_2} = \frac{Z_2}{Z_1} \approx 1.41$

故分度圆直径 $d_1 = 17 \times 4 = 68mm$，$d_2 = 24 \times 4 = 96mm$

2）链传动的计算。选用 12A 双排滚子链，节距 $p = 19.05mm$，排距 $p_t = 22.78mm$

小链轮齿数 $z_3 = 15$，大链轮齿数 $z_4 = 27$

传动比：$i_{34} = \frac{27}{15} = 1.8$

分度圆直径：$d_3 = p/\sin\frac{180°}{z_3} = 25.05/\sin\frac{180°}{15} \approx 91.63mm$

$d_4 = p/\sin\frac{180°}{z_4} = 25.05/\sin\frac{180°}{27} \approx 164.09mm$

小链轮齿数 $z_5 = 15$，大链轮齿数 $z_6 = 27$

$i_{56} = \frac{27}{15} \approx 1.8$

总传动比 $i_{14} = i_{12}\ i_{34}\ i_{56} = 1.41 \times 1.8 \times 1.8 \approx 5$，与理论传动比接近，实际试验效果较好。

（2）分离滚筒关键结构设计。残膜回收机采用拖拉机动力输出轴作为动力传动，经一级变速器和二级减速传动到滚筒，滚筒是整个机具的核心工作部件，承担着膜根茬与土分离和输送到集膜箱的工序。

1）滚筒的关键结构设计。滚筒机构如图 15-12 所示，机构主要由滚筒进口、滚筒筛网、滚筒出口等组成，滚筒进口、滚筒筛网、滚筒出口焊在一起，形成一个整体运动单元。

滚筒长度为830mm，筒进口初定为1000mm，筛网采用轴向均布与滚筒和出口焊接在一起。经过实验研究，将滚筒在360圆周均布53根圆钢。如图15-13所示，后经过田间试验，设计比较合理，达到了设计要求，只是把筒直径由1000mm减小到900mm，以利于加工制造。出口直径定为1010mm，环出口焊接节距为25.4链条。利用链条与齿轮减速器的输出轴上的链轮啮合实现滚筒的滚动。由拖拉机动力输出轴提供动力来源，经过二级变速带动滚筒转动，同时滚筒旋转，将链板输送过来的膜、土、根茬一起旋转，实现膜、根茬与土分离，把分离后的根茬和残膜输送到集膜箱。

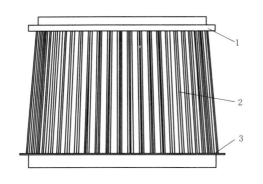

图 15-12 分离滚筒

1—滚筒进口；2—滚筒筛网；3—滚筒出口

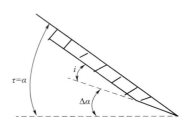

图 15-13 起膜铲刀

i—刃角；τ—切土角；$\Delta\alpha$—隙角

2）起膜铲刀的设计

经过理论计算和试验分析，确定了铲刀结构和主要参数。

图中，i 为刀板上表面与刀板底刃两刃面夹角；切土角 τ 为刀板上刃面与底刃切削面夹角；间隙角 $\Delta\alpha$ 刀板底刃下刃面与底刃切削面夹角。

图标明了铲刀刀板横断面角度参数。为了避免刀板上表面形成折面不易与土分离，引起铲刀阻力增加和影响后续作业，刀板底刃采用下磨刃，此时切土角与碎土角是相等的，即 $\tau=\alpha$。该角越大，土壤上移量越少，碎土效果越好，但是会影响刀板的入土性。刀板切土角 τ 与刀板的切割力和土壤的升起度有关，并与刀板刃角 i 与 $\Delta\alpha$ 有连带关系，由图15-31可知，$\tau=i+\Delta\alpha$，刃角 i 为刀板底刃的磨角。i 角越小，切断能力越强。但是当刃角太小时，刃口太薄，易磨钝，切削强度差，易残缺，考虑铲断作物根系和中耕部件除草铲角度，i 角取值在 20°～25°。隙角 $\Delta\alpha$ 是刀板的切土隙角，如果 $\Delta\alpha$ 过小，那么可能直接影响铲刀的入土性能，特别是刃口磨钝后不易入土。经过试验，$\Delta\alpha$ 取值范围为 7°～10°。则 $\tau=i+\Delta\alpha=27°～35°$。

碎土角 α 越大，越有利于残膜、根茬与土壤的分离。但是 α 过大会使牵引阻力明显增大。另外，覆膜地区大都干旱少雨，土壤以砂质土为主，对 α 角碎土作用要求较低，因此对于玉米茬地 α 角选为 20°～35°，铲刀材质为锰钢材质，采用分片式加工。

经过参数优化设计的铲刀碎土性能大幅提高，有效地降低了土壤切削过程中的阻力，达到切断玉米气生根的目的，使残留地膜在后续的筛分过程中很好地与土壤、根茬分离，降低气生根对残膜回收率的影响。

15.2.4　整机设计

该机采用铲掘滚筛的原理，在拖拉机的悬挂牵引下，起膜起茬刀将地表的残膜和根茬铲掘起，通过输送链抖动输送到滚筒筛内旋转分离，筛净土块后的残膜和根茬由集膜茬卸料机构集中卸堆或抛撒耕地表面，一次性完成回收残膜和起茬作业，如图15-14 所示。

该机正常作业必须选择合适的配套动力，作业前和作业过程中必须根据作业条件认真调节，使机组保持在平稳状态下工作。2 个铲刀入土深度一般在 90mm 时效果最佳。作业过程中，机组速度应控制在 3~5km/h，作业中铲刀达到工作深度后，液压调节手柄应回到中立位置。主要存在问题有，机组作业一定面积后，残膜和黏土缠绕在机组的滚筛、滚轮上，必须及时停机清理。机组支撑滚筒筛转动的部件，2 个轴套磨损速度较快，滚筒筛输送出的残膜残茬在集结和装卸时不符合本地农艺要求。该机组适宜土壤湿度为 5%~20%，尤其在砂型土壤、湿度较小的地块作业时效果最佳。

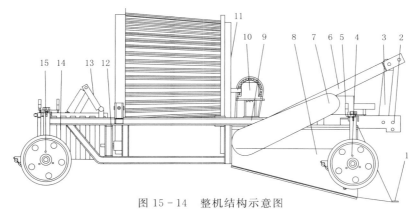

图 15-14　整机结构示意图

1—铲子；2—下悬挂；3—上悬挂；4—前限深轮；5—变速箱；6—新悬挂；
7—传动系统；8—侧板；9—架子；10—变速箱；11—分离滚筒；
12—后弯梁；13—液压油缸；14—集膜箱；15—后限深轮

15.3　样机测试

15.3.1　试验目的及试验概况

参照国家相关标准[18]，结合残膜回收机研制的实际制定了《试验方法》2014 年完成了残膜回收机，于当年秋季进行了试验。2016 年及 2017 年春秋两季进行了残膜回收机的生产试验，进一步进行了性能试验及生产考核。试验中严格按照国家标准对产品质量的评定指标、试验方法和检测规则的规定，组织性能试验及生产考核，编制试验报告。

15.3.2 样机的技术特性及其测定

1. 试验方法

依据 GB/T 25412—2010《残地膜回收机》试验标准，测试点的长度应不小于 100m，宽度满足机具 3 个往返行程的工作宽度。

测点才有五点法，从测区 4 个地角沿对角线，在 1/4~1/8 对角线长度范围内随机确定 4 个测点位置，再加上该对角线的交点，作为作业前的 5 个测点。然后在作业前的 5 个测点附件但不重叠的区域再选取 5 个测点，作为作业后的 5 个测点。分别将两个测区作业前、后的 5 个测点按土层深度 0~100mm 取出残膜，将各测点按层取出的残地膜去除尘土和水分后称其质量，求其质量，求其平均值。

计算回收率按式（15-3）计算：

$$J = (1-W/W_0) \times 100 \qquad (15-3)$$

式中　J——回收率，%；

　　W——作业后的残膜质量，单位为，g；

　　W_0——作业前的残膜质量，单位为，g。

2. 性能试验

基本条件：

耕前残膜回收机作业的试验地残茬不高于 12cm。试验前，对土地、根茬等试验地情况，测定见表 15-2、表 15-3。

表 15-2   技 术 指 标

序号	项目	特征及参数
1	外形尺寸/mm（长×宽×高）	1824×1300×980
2	结构质量/kg	530
3	运输间隙/mm	450
4	工作行数/行	2
5	行距/mm	400
6	工作幅宽/mm	1300
7	作业速度/（km/h）	5
8	生产率/（亩/h）	3~6
9	残膜回收率	≥80%

表 15-3   试 验 地 基 本 情 况 表

试验地点	根茬类别	播前整地深度/cm	碎土率/%	前茬平均高度/cm	土壤含水率（平均）/%
瞻榆	玉米茬	18	90	10.3	19

（1）切膜性能测定

首先对根茬情况进行了测定。机器速按 5km/h 进行试验。每垄为 1 点，每垄长为 500m，对切膜入土深度进行测定，测定见表 15－4 。

表 15－4　　　　　　　　　　　入 土 深 度 测 定 表

项目	垄次	测　点										平均值/mm
		1	2	3	4	5	6	7	8	9	10	
入土深度/mm	1	50	55	60	56	65	53	50	55	58	52	53.5
	2	55	50	53	56	58	60	63	52	59	54	54.7

（2）残膜回收的测定

将机具调整至工作状态，根据 GB/T 25412—2010《残地膜回收机》，主要试验内容：残膜回收率见表 15－5。

表 15－5　　　　　　　　　　　残 膜 回 收 的 测 定

项目	时间	测　点					平均值/g
		1	2	3	4	5	
作业前后质量/g	作业后	17.4	20.29	18.25	14.3	18.95	17.83
	作业前	89.3	90.5	95	83.6	93.4	90.36

计算回收率：

$$J = （1-W/W_0）\times100 = （1-17.8/90.36）\times100 = 80.3\% > 80\%$$

（3）机具性能测定表

试验的主要内容，测定机具的可靠性、时间利用率，实际生产率及耗油情况。测定结果见表 15－6。

表 15－6　　　　　　　　　　残膜回收机性能指标测定表

序　号	项　目	测定值	序　号	项　目	测定值
1	作物根茬种类	玉 米	6	小时生产率/（亩/h）	3～6
2	地长度	458	7	使用可靠系数/%	91
3	收膜面积/亩	50	8	最大耗油量/（kg/亩）	0.7
4	配套动力	时风 24	9	时间利用系数/%	80.5
5	机速/（km/h）	5	10	残膜回收率	≥80.3

15.3.3　试验结果及其分析

经过 2015—2016 年的春秋性能试验和田间生产考核试验，试验目的达到了。首先，验证了整机的农艺流程，成功地避开了玉米茬，到收膜完毕，可以顺利地一次完成，达到预想的效果。

从收膜质量上看，残膜回收率达到了设计要求，效果比较理想。传动的可靠性较好，没有出现滑移、转数不够等问题。

生产考核，可靠性系数＞90％，实际生产率约为 4 亩/h，且在实际生产中未发现大故障仅有螺丝松动等一些小故障，基本满足要求。

15.4 残膜回收机先进性分析

国内科研机构开发成功的残膜回收机主要有以下几种形式：

（1）伸缩杆捡拾滚筒式，这种收膜机构工作可靠，但是结构过于复杂，造价偏高。

（2）弹齿式拾膜装置[19,20]。由地轮带动弹齿工作，结构中有一个需要控制收膜弹齿工作位置曲线轨迹滑道便于卸膜，但是加工困难，结构复杂，回收率低。

（3）棉秸秆还田及残膜回收联合作业机，残膜回收效率较好，但是结构复杂，耗费动力大，秸秆和残膜缠绕在一起，不易分离，只适用于新疆棉田平作种植区。

综上所述，国内现有残膜回收机收膜机构不够完善，普遍存在着拾膜率低，故障率高，适应性不强，受地域、种植模式、种植品种限制等问题，本项目研究的残膜回收机克服了以上缺点，不仅适用于东北地区玉米大垄双行种植模式，也可应用于平作地区。适用作物不仅限玉米，还适用于绿豆等其他覆盖地膜种植的作物。与国内同类机型相比较具有工作可靠性高，适用范围广等特点。

15.5 测试结论

（1）一种专门针对大垄双行的残膜回收机，生产成本低。

（2）以中马力拖拉机为动力，动力来源广泛。

（3）结构合理，可靠、安全，调整、维护方便。

（4）回收效率高，性价比高，达到了设计参数要求。

（5）解决了玉米气生根对残膜回收的影响。

参 考 文 献

[1] 李向军，许春林，赵大勇，等. 1GZ－440V4 玉米大垄双行联合整地机的设计 [J]. 农业科技与装备，2015，12（7）：2-7.

[2] 窦超银，孟维忠. 种植密度对大垄双行膜下滴灌玉米生长和产量的影响 [J]. 灌溉排水学报，2014，33（6）：97-100.

[3] 刘会玲，崔江慧，常金华，等. 氮素调控对边际土地甜高粱养分吸收和效益的影响 [J]. 江苏农业科学，2018，46（18）：64-67.

[4] 贾洪雷，陈忠亮，郭红，等. 旋耕碎茬工作机理研究和通用刀辊的设计 [J]. 农业机械学报，2000，31（4）：29-32.

[5] 中国农业机械化科学研究院. 农业机械设计手册上册 [M]. 北京：机械工业出版社，1988.

[6] 李守仁，林金天. 驱动型土壤耕作机械的理论与计算 [M]. 北京：机械工业出版社，1997.

[7] 李明喜，等. 旋耕刀刀轴弯扭载荷谱的编制 [J]. 黄石高等专科学校学报，2000（3）.

［8］　王永乐. 机械优化设计基础［M］. 哈尔滨：黑龙江科学技术出版社，1987.

［9］　陈翠英. 旋耕机刀轴疲劳试验研究［J］. 江苏工学院耕作机械主要零部件的疲劳试验研究鉴定文件，1989.

［10］　高明宇，刘恩宏，代云超. 玉米大垄双行联合整地机起垄整形装置的设计与实验［J］. 农机使用与维修，2016（9）：14.

［11］　罗东升. 1MS－1 型地膜回收机的改进试验研究［D］. 北京：中国农业大学，2001.

［12］　杨希晨，刘炳，龚军. 残膜回收机的研究现状及存在问题［J］. 新疆农机化，2006（5）：15－17.

［13］　于振华，王浩宇，许光明，等. 大垄双行膜下滴灌种植模式下的残膜回收［J］. 农业与技术，2012，32（12）：70－71.

［14］　吴善华. 玉米苗期收膜机捡拾卸膜机构的设计与试验［D］. 哈尔滨：东北农业大学，2015.

［15］　张佳喜，陈发，王学农，等. 一种新型可自动卸膜滚刀式秸秆粉碎残膜回收联合作业机的研制［J］. 中国农机化，2012（1）：122－125.

［16］　木塔力甫·艾力，张佳. 残膜回收机挑膜弹齿的有限元分析［J］. 农业科技与装备，2014（7）：39－41.

［17］　浦广益. Ansysworkbench12 基础教程与实例详解［M］. 北京：中国水利水电出版社，2010.

［18］　GB/T 25412—2010，残地膜回收机［S］.

［19］　王学农，冯斌，陈发，等. 4JSM－1800 棉秸秆还田及残膜回收联合作业机研制［J］. 新疆农机化，2003（4）：53－54.

［20］　鲁亚云，杨志诚，杨宛章，等. 气吹式秋后残膜回收机的研究［J］. 新疆农业大学学报，2005（1）：57－60.

第五篇
监测、预报及评价体系

第 16 章 土壤墒情监测与灌水预报技术研究

16.1 土壤墒情监测

16.1.1 建立自动土壤墒情站

2014 年 5 月 7 日，在乾安县吉林省农业科学院实验站建立了农田土壤墒情远程监测站。收集土壤墒情（图 16-1 和图 16-2）。土壤墒情站数据每小时自动更新 1 次，含 10cm、20cm、30cm、40cm、50cm、60cm、80cm 和 100cm 的体积含水量、相对湿度、重量含水率和有效水分储存量（图 16-3）。为土壤墒情预报和灌溉预报提供土壤墒情监测数据。

图 16-1 基础安装

图 16-2 田间运行

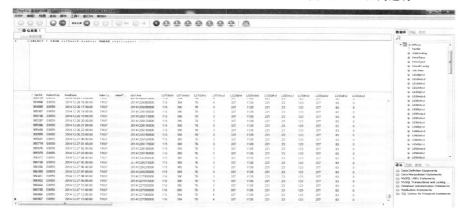

图 16-3 自动土壤墒情站墒情数据

16.1.2 自动远程监测

2014 年 6 月在乾安县示范区建立了自动气象站。收集降雨等气象数据。自动气象站，含气温、降水、风向风速和地温（地表、10cm、20cm 和 50cm）、总辐射自动采集装置，通过自动站配置软件可远程随时看到核心示范区气温、降水、地温、风速、总辐射等情况，数据更新时间为 10min 一次（图 16-4），还可以人为的设定时间查询以前的气象数据（图 16-5），为示范区提供基础气象数据。

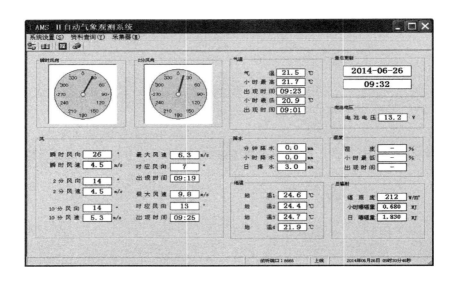

图 16-4 自动站气象要素监视界面

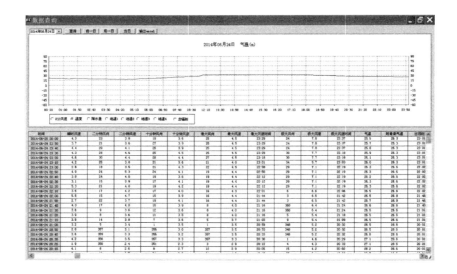

图 16-5 自动站气象要素查询界面

16.2 灌水预报技术研究

利用核心示范区自动气象站逐日降水，自动土壤水分站逐日土壤墒情，结合示范区土壤墒情观测资料采用消退指数法确定土壤水分消退指数，利用土壤水分消退指数建立了土壤墒情预报模型，根据土壤墒情预报模型，利用土壤消退指数，结合当前实测土壤墒情，未来一周逐日精细化天气预报，可以在生长季的任意时间对未来一周的逐日土壤墒情进行预报。

16.2.1 土壤墒情预报模型的建立

基于农田土壤水分平衡原理，来进行土壤墒情预报技术研究。

土壤水分状况是由气候、土壤特征、作物吸水等多种因素综合决定的。在作物生长期间，农田土壤水分平衡公式见式（16-1）：

$$W_2 - W_1 = Pe + I - E_T - Q \tag{16-1}$$

式中　　　W_1、W_2——时刻 t_1、t_2 的土层储水量；

Pe、I、E_T、Q——相应时段内的有效降水量、灌水量、蒸散量及下边界水分通量（包括深层土壤水分的补给和深层渗漏，以向深层渗漏为正）。

在上述各量中，土壤储水量可由实测的土壤含水率计算得到，灌水量和有效降雨量也可以得到，而蒸散量、下边界水分通量很难准确测定和计算。土壤水分的减少是由蒸散和深层渗漏造成的，除较大降水或灌溉后短期内有一定量的深层渗漏外，一般情况下下边界水分通量比蒸散量要小很多，据有关研究，当地下水埋深大于 2.5m（沙土、沙壤土）或 3m（壤土、黏壤土、黏土）时，可不计地下水补给量，据相关监测，乾安地下水埋深在 5m 以上，因此，Q 可以忽略不计。在没有降雨和灌溉时，式（16-1）可以转变为式（16-2）：

$$W_2 - W_1 = -E_T \tag{16-2}$$

同时，假设土壤蒸散量和土壤储水量之间可近似为线性关系，土壤储水量的变化率与贮水量（W）之间的关系表示为

$$E_T = -dW/dt = -kW \tag{16-3}$$

式中　k——土壤水分消退指数，主要与气象、土壤、作物等条件有关。

对上式在时间 $t_1 \sim t_2$ 内进行积分，即可得到无降水及灌水时土壤水分消退的指数模式：

$$W_2 = W_1 e^{-k(t_2-t_1)} \tag{16-4}$$

降水及灌水增加了土壤储水量。在考虑此情况下，以日为单位的土壤储水量的递推关系可为

$$W_{t+1} = W_t e^{-k\Delta t} + Pe + I \tag{16-5}$$

式中　W_t、W_{t+1}——第 t 日和 $t+1$ 日的土壤储水量，$\Delta t = 1d$。

式（16-5）即为土壤墒情预报模型，其中有效降雨量 Pe 对土壤墒情预报十分重要的，它受多种因素影响，可用下式计算：

$$Pe = \alpha R \tag{16-6}$$

式中　R——降雨量；

α——降雨有效利用率系数；α 值与降雨的雨量、降雨强度、降雨持续时间、土壤特征、地面植被和地形等有关。

根据刘明等研究，玉米、大豆等作物各区域降雨有效利用率分别为：西部平原区为 0.923；中部黑土区为 0.908；低山丘陵区南部 0.797；低山丘陵区北部 0.836；延吉盆地为 0.897。

式（16-5）中关键是土壤水分消退指数 k，只要知道 k，即可以进行土壤墒情预报。土壤水分消退指数 k 影响因素很多，与当地的气象要素、土壤特征、作物吸水及前期土壤水分状况等因素有关。但是对特定的地区来讲，由于土壤特征稳定不变，而气象要素存在以年为周期的显著变化，作物吸水则由作物种类和生育期时间决定，因此消退指数主要与作物种类及作物生育期相关。在无降水及灌水影响，土壤水分消退指数 k 可由观测资料推求。据式中（16-6）可得到

$$k = (\ln W_1 - \ln W_2) / (t_2 - t_1) \tag{16-7}$$

根据 2014 年 4—9 月玉米生长期间膜下滴灌核心示范区共建的土壤墒情自动监测站和自动气象站资料，采用 08—08 时逐日降水资料，每日 08 时土壤自动水分数据，核心示范区玉米滴灌灌水资料，考察无降水、灌水时的土壤水分变化，式（16-7）中的土壤贮水量按式（16-8）计算：

$$W = 10jdh \tag{16-8}$$

式中　W——土壤储水量；

　　　　j——土壤重量含水率（也称土壤绝对湿度）；

　　　　d——土壤容量；

　　　　h——土壤厚度。

膜下滴灌核心示范区各层土壤容重等相关参数见表 16-1。

表 16-1　　　　　　　　　膜下滴灌核心示范区土壤相关参数

土深/cm	土壤容重/（g/cm³）	田间持水量/%	凋萎湿度/%
10	1.49	20.0	5.5
20	1.53	19.6	7.4
30	1.49	22.1	8.1
40	1.48	21.3	8.8
50	1.48	21.0	7.4
60	1.49	21.3	8.1
80	1.51	20.9	8.5
100	1.46	20.4	8.7

从实际分析计算来看，10cm、20cm、60cm、80cm、100cm 土壤水分消退指数 k 没找到好的拟合关系式，可能的原因是，较浅的土层，土壤水分补给和深层渗漏相对较大，与先前的假定。即假设土壤蒸散量和土壤贮水量之间近似为线性关系不相吻合而造成的，此外，10cm、20cm 经乾安县气象局所做的人工对比观测代表性较差。对较深土层，由于深层土壤的水分对土壤蒸腾蒸发量和作物吸水影响不显著，与假定的土壤蒸散量与其贮水量呈线性关系也有一定的差距，所以消退指数难以拟合。

按式（16-7）求得 30cm、40cm、50cm 深度土壤消退指数，如图 16-6 所示。

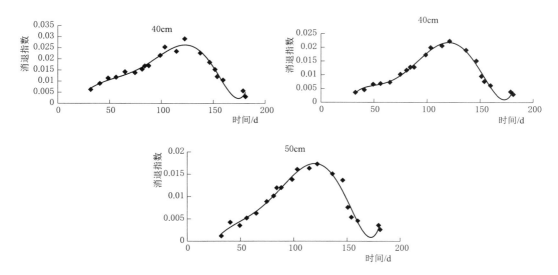

图 16-6　核心示范区不同深度消退指数动态变化过程
（图中的时间为玉米生长期时间/d，以 4 月 1 日为起点）

从图 16-6 可以看出随着玉米生长时间的推进，各层土壤消退指数不断增大，在 7 月末 8 月初附近土壤消退指数达到最大，此后，土壤消退指数逐渐衰减，直至生长期结束。这和玉米的生长过程较为符合，随着玉米不断生长，玉米需水量增加，土壤水分消耗增大，土壤消退指数不断增大，在 7 月末 8 月初进入玉米需水关键期，土壤消退指数达到最大，之后逐渐接近乳熟期，玉米需水量下降，土壤消退指数下降。

根据图 16-6 中各层次土壤消退指数随时间的变化情况，建立了 30～50cm 各层土壤消退指数与玉米生长时间的拟合关系式，相关系数都在 0.96 以上，通过了 0.001 的信度检验，见表 16-2。

表 16-2　　膜下滴灌核心示范区不同深度土壤消退指数拟合关系式

土壤深度/cm	土壤消退指数 k 与玉米生长时间 t 拟合关系式	相关系数
30	$k = -5\text{E}-14t^6 + 5\text{E}-11t^5 - 2\text{E}-08t^4 + 3\text{E}-06t^3 + 0.008t - 0.107$	0.9823
40	$k = 3\text{E}-14t^6 + 4\text{E}-13t^5 - 4\text{E}-09t^4 + 1\text{E}-06t^3 - 9\text{E}-05t^2 + 0.003t - 0.045$	0.9615
50	$k = 6\text{E}-14t^6 - 3\text{E}-11t^5 + 3\text{E}-09t^4 - 1\text{E}-07t^3 - 5\text{E}-06t^2 + 0.000t - 0.011$	0.9736

16.2.2　土壤墒情预报

利用 2015 年、2016 年核心示范区逐日土壤墒情资料，乾安县逐日未来 7d 精细化天气预报中的逐日降水预报量，未来 7d 核心示范区可能的灌水量，利用建立的土壤墒情模型进行了 30cm、40cm、50cm 土壤墒情预报，土壤墒情可以逐日进行预报，可以预报未来 7d 的土壤墒情。

为了检验土壤墒情预报效果，2015 年、2016 年选取每月 2 日、12 日、22 日的预报结果进行检验，实测曲线和预报曲线见图 16-7～图 16-12。

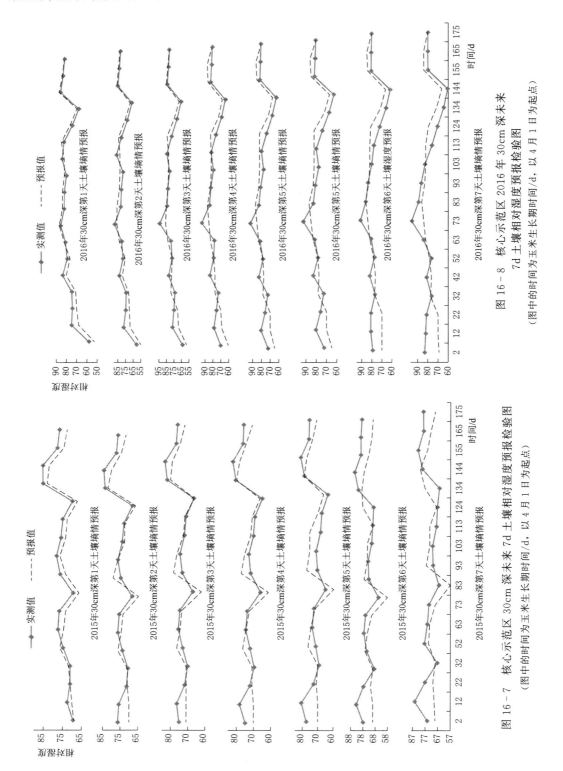

图 16-8 核心示范区 2016 年 30cm 深未来 7d 土壤相对湿度预报检验图
（图中的时间为玉米生长期时间/d，以 4 月 1 日为起点）

图 16-7 核心示范区 30cm 深未来 7d 土壤相对湿度预报检验图
（图中的时间为玉米生长期时间/d，以 4 月 1 日为起点）

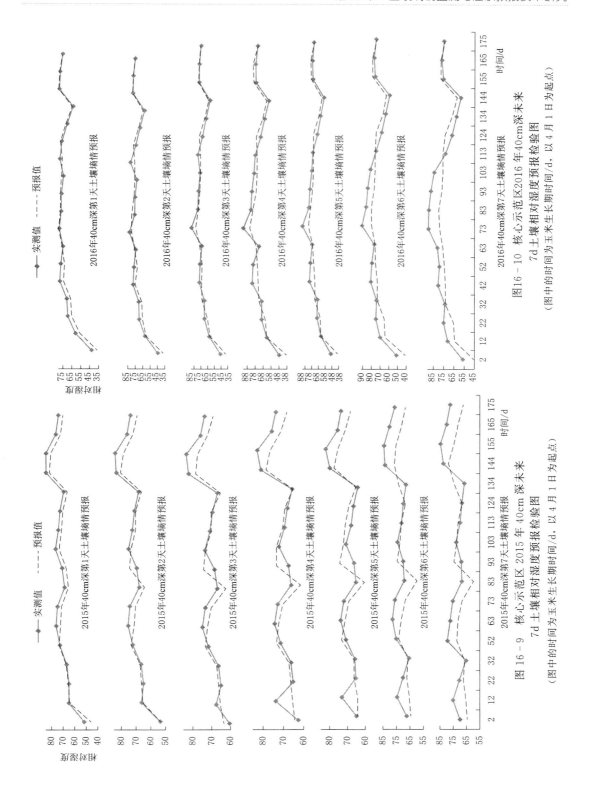

图16-10　核心示范区2016年40cm深未来
7d土壤相对湿度预报检验图
（图中的时间为玉米生长期时间/d，以 4 月 1 日为起点）

图16-9　核心示范区 2015 年 40cm 深未来
7d 土壤相对湿度预报检验图
（图中的时间为玉米生长期时间/d，以 4 月 1 日为起点）

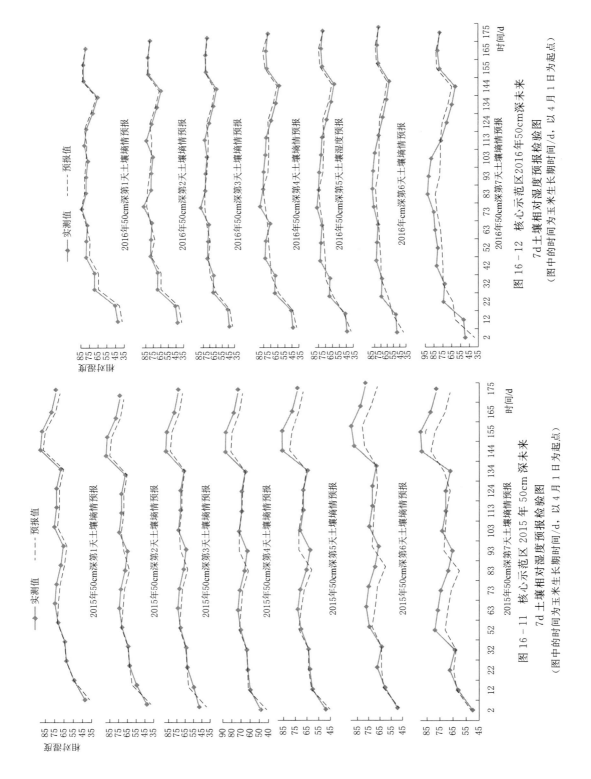

图 16 - 11 核心示范区 2015 年 50cm 深未来
7d 土壤相对湿度预报检验图
（图中的时间为玉米生长期时间/d，以 4 月 1 日为起点）

图 16 - 12 核心示范区 2016 年 50cm 深未来
7d 土壤相对湿度预报检验图
（图中的时间为玉米生长期时间/d，以 4 月 1 日为起点）

为了检验预报效果，我们计算了 2015 年、2016 年上述 30cm、40cm、50cm 各层土壤墒情预报值和实测值的误差，误差利用公式（16-9）计算：

$$\Delta x = | [(x_{yi} - x_i) / x_i)] | \times 100\% \qquad (16-9)$$

式中　Δx——误差；

　　　x_{yi}——预报值；

　　　x_i——实测值。

具体见表 16-3～表 16-5。

表 16-3　　　　　　　　　　2015—2016 年 30cm 土壤墒情预报误差检验

起报日/(月-日)	预报误差						
	1d	2d	3d	4d	5d	6d	7d
2015 年 04-02	0.58	2.36	5.59	3.2	0.77	3.72	5.64
04-12	3.45	5.15	4.7	3.06	3.65	4.52	4.34
04-22	0.14	0.7	1.25	1.8	2.48	3.73	4.23
05-02	1.13	0.42	1.14	1.72	1.16	1.74	2.34
05-22	2.28	3.52	4.66	5.96	7.15	1.87	4.07
06-02	3.75	2.49	1.32	0.13	1.09	3.62	2.36
06-12	4.3	2.91	1.61	1.49	1.1	6.83	6.79
06-22	4.32	5.42	7.44	3.94	4.77	6.42	5.95
07-02	3.67	5.75	6.82	7.66	5.12	5.31	6.12
07-12	2.3	0	2.41	3.43	5.9	0.81	3.19
07-22	3.16	1.76	0.83	2.28	10.23	4.78	7.66
08-02	3.2	0.55	0.98	2.31	3.7	0.28	0.88
08-12	3.58	2.64	0.3	2.15	4.57	4.03	5.08
08-22	2.58	1.91	2.44	0.5	0.13	3.54	2.11
09-02	2.69	2.73	2.88	2.92	3.69	4.24	5.25
09-12	4.24	3.62	2.99	2.36	3.16	8.01	7.43
09-22	2.74	3.4	1.78	4.06	4.89	5.01	5.78
2016 年 04-02	2.41	4.29	5.49	3.85	5.25	3.92	6.02
04-12	2.4	3.1	3.9	4.7	4.23	4.94	6.21
04-22	1.62	1.07	3.73	4.64	4.08	5.06	5.04
05-02	5.09	4.45	7.33	5.6	7.55	0.65	1.31

	起报日/（月-日）	预报误差						
		1d	2d	3d	4d	5d	6d	7d
2016年	05-12	4.42	4.58	4.51	7.76	6.76	6.94	5.91
	05-22	3.54	3.7	0.13	0	0.13	1.29	2.49
	06-02	1.48	3.88	5.06	6.41	1.84	1.86	2.38
	06-12	1.52	2.25	4.15	4.36	3.89	3.73	5.01
	06-22	2.07	6.17	1.07	3.2	4.95	0	3.48
	07-02	2.44	3.23	0.24	0.48	2.6	0.95	4.05
	07-12	2.63	5.12	1.73	3.4	5.8	2.37	0.85
	07-22	2.49	5.09	2.61	0	2.63	5.26	8.03
	08-02	3.16	0.84	1.46	4.2	3.91	5.26	6.95
	08-12	3.1	4.28	5.65	4.2	3.85	3.79	6.21
	08-22	2.5	3.3	3.98	5.92	5.09	4.21	6.27
	09-02	1.4	1.42	1.43	3.99	4.04	4.09	5.26
	09-12	0.96	1.57	1.1	6.62	6.04	5.46	4.87
	09-22	0.61	0.98	0.12	0.5	0.25	0.12	0.5
平均误差		2.63	2.99	2.94	3.39	3.9	3.67	4.57

表 16-4　　　　2015—2016 年 40cm 土壤墒情预报误差检验表

	起报日/（月-日）	预报误差						
		1d	2d	3d	4d	5d	6d	7d
2015年	04-02	3.87	0.37	4.96	2.71	0.92	4.45	5.01
	04-12	1.08	1.36	3.25	4.61	5.19	6.43	6.26
	04-22	0.77	2.15	2	1.84	1.53	4.13	4.4
	05-02	0.6	1.05	1.36	1.66	0.76	1.07	1.53
	05-22	0.82	1.52	2.23	2.8	3.53	2.39	5.16
	06-02	2.24	2.79	3.47	2.69	3.39	4.62	5.17
	06-12	4.81	5.26	4.35	3.43	3.88	3.81	5.97
	06-22	4.8	5.01	6.72	7.1	7.35	6.5	6.87
	07-02	2.12	2.59	2.77	4.3	6.02	3.43	5.08
	07-12	4.05	2.26	0.27	1.66	1.97	2.56	0.69
	07-22	3.78	3.03	0.99	1.15	4.85	0.14	2.3
	08-02	3.3	1.13	1.01	1.76	3.9	2.29	0.15
	08-12	1.72	2.78	2.39	0.46	1.55	5.15	5.71
	08-22	3.42	3.47	4.62	3.21	3	8.38	4.62
	09-02	2.59	3.21	3.59	4.1	4.62	4.63	6.15
	09-12	2.75	3.02	2.24	3.3	2.91	4.86	5.88
	09-22	2.43	3.65	4.87	4.74	5.29	5.37	5.17

续表

起报日/（月-日）	预报误差						
	1d	2d	3d	4d	5d	6d	7d
2015 年 04-02	5.59	7.42	6.72	10.67	6.25	6.82	6.56
04-12	3.28	2.1	1.91	0	0	3.85	4.5
04-22	3.3	4.87	3.58	5.14	5.84	3.47	4.12
05-02	6.08	5.68	4.56	5.01	5.31	1.08	0.68
05-12	2.68	2.18	3.48	4.27	5.03	4.69	4.59
05-22	2.71	3.51	4.05	6.68	5.99	5.4	6.06
2016 年 06-02	1.2	1.88	4.06	4.91	0.77	1.3	6.41
06-12	1.14	3.61	2.47	3.23	2.61	3.63	4.55
06-22	1.3	5.26	1	2.99	2.91	5.23	4.57
07-02	1.69	1.85	2.66	3.03	3.95	5.44	5.58
07-12	3.08	3.69	0.78	4.77	2.94	2.95	5.44
07-22	3.44	6.99	5.01	2.94	0.91	1.2	3.41
08-02	2.23	3.22	5.2	4.76	5.57	6.42	7.31
08-12	1.99	2.6	3.1	3.61	4.14	4.69	6.69
08-22	1.72	3.34	3.23	4.75	4.98	6.4	6.32
09-02	1.01	0.51	1.28	3.49	3	3.81	3.31
09-12	1.02	0	0.26	4.38	3.36	2.33	1.3
09-22	0.53	0.66	0.8	0.4	0.27	1.47	1.34
平均误差	2.55	2.97	3.01	3.62	3.56	4.01	4.54

表 16-5　　　　　2015—2016 年 50cm 土壤墒情预报误差检验表

起报日/（月-日）	预报误差						
	1d	2d	3d	4d	5d	6d	7d
2015 年 04-02	2.36	6.54	6.03	7.42	7.35	2.63	2.61
04-12	0.55	3.68	4.01	3.51	1.16	2.31	1.64
04-22	0.48	0.32	0.32	0.32	1.76	5.63	4.44
05-02	0.47	0.62	0.94	0.16	0	0.16	1.26
05-22	0.7	1.12	1.69	2.27	2.71	3.36	4.44
06-02	2.67	5.79	5.15	4.63	3.98	4.02	4.69
06-12	1.5	3.17	3.75	4.34	4.94	3.6	5.38
06-22	2.78	4.29	4.63	4.83	3.97	4.75	5.23
07-02	2.74	3.23	4.84	9.32	3.75	5.42	5.5
07-12	3.31	3.23	1.64	0.14	1.55	4.83	3.27
07-22	1.5	3.76	2.12	0.43	1.32	2.51	0.85

起报日/(月-日)		预 报 误 差					
		1d	2d	3d	4d	5d	6d	7d
2015 年	08 - 02	4.24	3.76	2.12	1.59	0.15	6.27	4.67
	08 - 12	4.38	2.96	1.5	0	1.55	0.15	7.14
	08 - 22	2.32	2.57	2.71	3.78	3.94	3.63	4.6
	09 - 02	2.82	2.39	3.32	2.07	4.05	2.98	3.44
	09 - 12	2.55	4.21	5.24	3.59	3.85	4.48	5.46
	09 - 22	2.3	2.44	3.13	4.35	5.59	3.97	5.26
2016 年	04 - 02	4.72	5.61	5.32	6.19	5	5.27	5.82
	04 - 12	4.4	5.47	7.41	4.56	4.1	7	6.59
	04 - 22	2.46	3.9	4.77	5.19	6.2	4.45	5.79
	05 - 02	3.62	3.48	3.93	5.25	4.96	2.32	2.6
	05 - 12	2.41	0.89	1.79	8.33	3.15	4.01	4.27
	05 - 22	5.49	6.29	4.52	4.88	5.64	5.18	5.95
	06 - 02	1.82	2.48	4.34	5.03	1.75	1.13	7.41
	06 - 12	0.96	4.79	7.52	8.44	5.4	5.57	4.57
	06 - 22	2.16	2.06	0.86	0.12	0.35	3.61	4.33
	07 - 02	2.42	2.58	2.22	3.42	3.82	3.32	2.75
	07 - 12	2.75	3.06	1.65	5.83	4.32	3.55	3.98
	07 - 22	3.85	8.82	7.27	4.44	4.02	1.15	0.65
	08 - 02	2.81	3.39	5.17	5.8	7.53	6.69	7.09
	08 - 12	2.82	3.01	3.2	4.88	5.11	5.18	6.81
	08 - 22	2.31	3.58	4.72	4.47	5.65	5.38	6.6
	09 - 02	1.23	1.85	1.24	3.13	3.78	3.17	3.83
	09 - 12	0.86	0.25	1.23	5.17	4.07	3.09	1.98
	09 - 22	0.63	0.76	0.25	0.13	1.27	1.15	1.02
平均误差		2.44	3.32	3.44	3.94	3.65	3.77	4.34

从表 16-3～表 16-5 可以看出，30～50cm 层土壤相对湿度平均误差在 5％ 以下，各层随着预报天数的增加，误差加大，可能和未来 7d 的精细化预报有关，随着天数的增加，预报的准确率下降。此外，和相关研究结果对比发现，预报误差下降较为明显，预报准确率提高，预报结果可信度高。

16.3　研究结果

（1）建立了土壤墒情远程监测站与自动气象站，及时监测土壤墒情，为灌溉预报提供土壤墒情监测数据；通过自动站配置软件可远程随时看到核心示范区气温、降水、地温、风速、总辐射等情况。

（2）利用核心示范区自动气象站逐日降水，自动土壤水分站逐日土壤墒情，结合示范区土壤墒情观测资料采用消退指数法确定土壤水分消退指数，利用土壤水分消退指数，根据土壤墒情预报模型，结合当前实测土壤墒情，未来一周逐日精细化天气预报，可以在生长季的任意时间对未来一周的逐日土壤墒情进行预报。结果表明：$30\sim50cm$ 层土壤相对湿度平均误差在 5% 以下，准确率和可信度提高。

第 17 章　玉米膜下滴灌技术监测
与评价体系研究

　　课题组通过合理设计试验方案，结合先进的技术设备对示范区膜下滴灌的技术指标、经济指标及运行管理指标进行连续监测，收集了 2015—2018 年的监测数据，对监测数据按照不同的指标进行分类统计，建立适合吉林省西部玉米膜下滴灌质量评价的体系。

　　2015 年，吉林省水利科学研究院根据《水利部办公厅关于印发〈东北四省区节水增粮行动项目评估管理办法〉的通知》（办农水〔2013〕30 号）的要求，组织开展了 2014 年度吉林省节水增粮行动项目评估，对通榆县、洮南市、洮北区、镇赉县、大安市、双辽市等 6 个县（市、区）进行评估。评估的方法主要是专家调查评价法，对项目区的实施进度、运行效果及质量管理等进行了调查分析，评估结果基本符合项目区的实际情况，对运行质量给出了定性的评鉴，但是由于膜下滴灌是一个复杂的系统，影响因素很多，各因素之间相互关联密切，普通评价方法难以满足定量评价要求，存在一定的局限性。

　　因此，为了全面客观地评估总体质量，解决普通调查法存在的局限性问题，须采取科学的综合评价方法，对监测结果进行定量分析，通过玉米膜下滴灌质量评价体系的研究，不仅可以全面、准确地评价出示范区各试验年度的质量等级，对试验成果给出定量分级特征值，还能够准确地掌握不同影响因素对总体质量的影响情况，提高膜下滴灌工程运行质量。

17.1　评价方法的选择

　　综合评价是当一个复杂系统同时受到多种因素影响时，依据多个有关指标对系统进行评价，常用的综合评价方法有：层次分析法、模糊评价法、秩和比法、综合指数法和 Topsis 法等。以上各种方法的原理及优缺点见表 17-1。

表 17-1　　　　　　　　　　　几种不同典型评价方法的比较

方　法	原　　　理	优　点	缺　点
层次分析法	层次分析法（Analytical Hierarchy Process）AHP 是美国运筹学家 Thomas L. Saaty 在 20 世纪 70 年代初提出的一种用于解决复杂问题排序和传统主观定权缺陷的方法。该法以系统分层分析为手段，对评价对象总的目标进行连续性分解，通过两两比较确定各层子目标权重，并以最下层目标的组合权重定权，加权求出综合指数，依据综合指数的大小来评定目标实现情况。AHP 适用于总目标不确定且分解的各目标层次适中时，该法分层确定权重，以组合权重计算综合指数，减少了传统主观定权存在的偏差，且能客观检验思维标准的一致性，常和其他评价方法联合应用，提高评价的准确性和可信性	1. 分层确定权重，以组合权重计算综合指数，减少了传统主观定权存在的偏差； 2. 把实际中不易测量的目标量化为易测量的指标，未削弱原始信息量； 3. 不仅可用于纵向比较，还可用于横向比较，便于找出薄弱环节，为评价对象的改进提供依据	1. 在一致性有效范围内构造不同的判断矩阵，可能会得出不同的评价结果； 2. 运用九级分制对指标进行的两两比较，容易做出矛盾和混乱的判断； 3. 通过加权平均、分层综合后，指标值被弱化

方　法	原　理	优　点	缺　点
模糊评价法	模糊评价（Fuzzy Comprehensive Evaluation）法 FCE，是一种基于模糊数学的综合评价方法。该综合评价法根据模糊数学的隶属度理论把定性评价转化为定量评价，即用模糊数学对受到多种因素制约的事物或对象做出一个总体的评价。它具有结果清晰，系统性强的特点，能较好地解决模糊的、难以量化的问题，适合各种非确定性问题的解决。基本思想是：把模糊因素集 U 对应的模糊权向量集 W，依据单因素评判矩阵 R 采取合适的合成算子 O 进行模糊变换，得到一个模糊综合评判结果 B，并对结果进行比较分析来评价事物的优劣。在对结果向量进行比较分析时可采用两种方法，即最大隶属度法和加权平均法	1. 可以将不完全信息、不确定信息转化为模糊概念，使定性问题定量化，提高评估的准确性、可信性； 2. 模糊评价通过精确的数字手段处理模糊的评价对象，能对蕴藏信息呈现模糊性的资料作出比较科学、合理、贴近实际的量化评价； 3. 评价结果是一个矢量，而不是一个点值，包含的信息比较丰富，既可以比较准确的刻画被评价对象，又可以进一步加工，得到参考信息	1. 计算复杂，对指标权重矢量的确定主观性较强，在权重确定方面要深入研究； 2. 指标集个数较大时，在权矢量和为 1 的条件约束下，相对隶属度权系数往往偏小，结果会出现超模糊现象，分辨率降低，难以区分隶属度大小，此时可用分层模糊评估法加以改进
秩和比法	秩和比（Rank Sum Ratio）法，RSR 法是 1988 年我国统计学家田凤调教授提出的一种参数统计与非参数计相结合的方法。该法以秩和法为基础，取各指标数与个体数秩和的平均值，得出一个具有 0～1 连续变量特征的非参统计量，即秩和比 RSR。根据 RSR 的大小评价事物的优劣等级以及进行分档排序。秩和比法适用于有异常值或为 0 的指标值，可用于统计预测、因素与关联分析、鉴别分类与决策分析等	1. 不引入主观变量，克服了主管定权的缺陷； 2. 综合能力强，可作为一个专门的综合指标来进行统计分析； 3. 可以进分档排序，消除异常值的干扰，显示数据间的微小差异	1. 指标值进行秩代换的过程中有可能会损失一些信息，导致对信息利用不完全； 2. 对高群值不敏感
综合指数法	综合指数法（Comprehensive Index Method）CIM 是最基本、最简便的综合评价方法，是用单一统计指标定量地反映多个指标综合变动水平的一种方法。基本思想是将不同性质、不同单位的各种实测指标值通过指数变换，加权得出综合指数，对综合指数进行比较分析，评价其优劣。综合指数法适用于评价目的、标准有明确规定，评价对象差异不太悬殊，各单项指标值波动不太大时，如技术创新和能力评价等	1. 评价过程系统、全面，计算简单； 2. 数据利用充分，通过对综合指数和个体指数的分析，找出薄弱环节，为改进提高提供依据	1. 对比较标准依赖太强，同时标准的确定较为困难； 2. 指标值无上下限，若存在极大值会影响评价结果的准确性
Topsis 法	Topsis（Technique for order preference by similarity to ideal solution）法，即逼近理想解排序法，它是基于归一化后的原始数据矩阵，找出最优方案和最劣方案，通过计算评价对象与最优方案和最劣方案的距离，获得评价对象与最优方案的接近程度，以此评价各对象的优劣。Topsis 法适用于指标数和对象数较少时，用于部门整体评价、效益评价等	1. 对样本资料无特殊要求； 2. 比较充分地利用了原有的数据信息，与实际情况较为吻合； 3. 可对每个评价对象的优劣进行排序	1. 当两个评价对象的指标值关于最优方案和最劣方案的连线对称时，无法得出准确的结果； 2. 只能对每个评价对象的优劣进行排序，不能分档管理，灵敏度不高

通过几种不同评价方法的比较，本次质量评价体系拟采用模糊评价法，该方法能够适应玉米膜下滴灌影响指标较多的问题，可将相对模糊的信息，通过模糊处理使定性问题定量化，计算精度高，不会因指标过多而出现矛盾和混乱，不会丢失信息，能够对量化结果进行分级，灵敏度高。针对该方法指标较多导致的计算复杂的缺点，可通过编程来实现迅速计算。关于权重确定的问题，可以通过借鉴其他评价方法的优点来弥补不足。

17.2 可变模糊评价模型原理及应用

1965 年札德提出的模糊集合概念[4] 突破了康托普通集合论，将论域 U 中以映射表示的普通子集 A 的特征函数，发展为模糊集合 $\underset{\sim}{A}$ 的隶属函数。这一发展在数学思维上具有重要科学意义，但札德的模糊集合思维是静态概念。事实上，一定时空条件组合下的模糊现象、事物、概念具有动态可变性。以静态模糊集合概念去描述动态可变的模糊现象、事物、概念是札德模糊集合论的理论缺陷。鉴于此，陈守煜从 20 世纪 90 年代提出用数的相对连续统概念来表示模糊现象、事物、概念的相对隶属度[5]，建立以动态变化的相对隶属度概念为基础的工程模糊集理论[6]，并于 21 世纪伊始创建可变模糊集理论[7~11]（简称可变模糊集）。建立可变模糊聚类、模式识别、优选、评价的统一理论与模型，是可变模糊集理论通向实际应用的桥梁。根据不同专业领域内多级别评价问题具有优级、中介级、劣级的特点，应用对立（优、劣）模糊集概念，提出理论严谨，能够满足评价精度要求，但计算工作量相对较小的可变模糊综合评价模型与方法，简称可变模糊评价方法[12]。

可变模糊评价模型因具有计算精度高，计算方法简便等特点，而被广泛应用于多个领域。陈守煜等利用可变模糊评价方法，对长乐市农用土地适宜性进行评价，通过模型参数的变化，提高了评价结果的可靠性，丰富发展了土地适宜性评价的模糊数学方法分支[13]；运用该方法对淮河流域水资源承载能力进行综合评价，计算便捷，评价结果可信度高[14]。周惠成等以山东省旱涝灾害为例，基于可变模糊集理论，确定样本指标对各级标准区间的相对隶属度，并将评价结果与模糊综合评价结果进行比较，为该省旱涝灾害的评价提供参考[15]。冀晓东等基于可变模糊集模型，对安徽合肥市、巢湖市、六安市及巢湖流域的生态环境质量进行评价和排序，评价结果按优劣顺序为巢湖流域＞巢湖市＞合肥市＞六安市，结果可靠[16]。苏艳娜等运用该模型对江苏省常熟市农业生态环境质量进行了评价，对比已有评价结果，客观地评价了该市农业生态环境质量状况，为常熟市生态化境维护提出了建议[17]。

17.2.1 可变模糊评价模型

设已知待评对象的 m 个指标特征值向量为

$$X = (x_1, x_2, \cdots, x_m) \tag{17-1}$$

依据 m 个指标 c 个级别的指标标准区间矩阵

$$I = \begin{bmatrix} [a, b]_{11} & [a, b]_{12} & \cdots [a, b]_{1c} \\ [a, b]_{21} & [a, b]_{22} & \cdots [a, b]_{2c} \\ \vdots & \vdots & \vdots \\ [a, b]_{m1} & [a, b]_{m2} & \cdots [a, b]_{mc} \end{bmatrix} = ([a, b]_{ih}) \tag{17-2}$$

进行综合评价。对越大越优型指标，$a>b$；对越小越优型指标，$a<b$。前者为递减型指标，后者为递增型指标。式中 $i=1, 2, \cdots, m$；$h=1, 2, \cdots, c$。

（1）设 $h=1$ 为优级，其指标标准值区间 $I_{i1}=[a, b]_{il}$。显然，区间 I_{i1} 的上界 a_{il} 对优级 A 的相对隶属度 $\mu_{\underset{\sim}{A}}(a_{il})=1$，下界 b_{il} 对 A 的相对隶属度 $\mu_{\underset{\sim}{A}}(b_{il})=0.5$。

设 M_{il} 为指标 i 在区间 $[a, b]_{il}$ 内对 A 的相对隶属度为 1 的点值，因 1 级为优级，区间左端点 a_{il} 对优的相对隶属度等于 1，则有 $M_{il}=a_{il}$，即 M_{il} 位于区间 I_{i1} 的左端点。

当待评对象指标 i 特征值 x_i 落入 1 级区间 I_{i1} 范围内，x_i 必在 M_{il} 的右侧。x_i 对 1 级的相对隶属度可按式（17-3）计算。

$$\mu_{\underset{\sim}{A}}(x_i)_1=0.5\left[1+\left(\frac{\chi_i-b_{i1}}{M_{il-}b_{i1}}\right)^{\beta}\right] \quad x_i\in[M_{il}, b_{il}] \qquad (17-3)$$

式（17-3）满足当 $x_i=a_{il}$ 时，对优 A 的相对隶属度 $\mu_{\underset{\sim}{A}}(a_{il})=1$；当 $x_i=b_{il}$ 时，$\mu_{\underset{\sim}{A}}(b_{il})=0.5$。

当 x_i 落入 I_{i1} 的邻级 I_{i2} 范围内，x_i 也必在 M_{il} 的右侧。x_i 对 1 级的相对隶属度可按式（17-4）计算。

$$\mu_{\underset{\sim}{A}}(x_i)_1=0.5\left[1-\left(\frac{\chi_i-b_{i1}}{d_{i1}-b_{i1}}\right)^{\beta}\right] \quad x_i\in[b_{il}, d_{il}] \qquad (17-4)$$

式（17-4）满足当 $x_i=b_{il}$ 时，对 1 级的相对隶属度 $\mu_{\underset{\sim}{A}}(b_{il})=0.5$；当 $x_i=d_{il}$ 时，$\mu_{\underset{\sim}{A}}(d_{il})=0$。式中 $d_{i1}=b_{i2}$，如图 17-1 所示；β 为非负指数，可取 $\beta=1$ 即线性函数

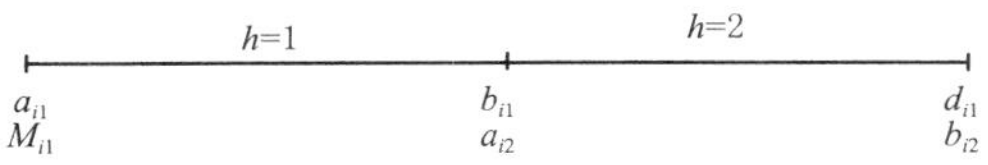

图 17-1　$d_{i1}=b_{i2}$、$M_{i1}=a_{i1}$ 示意图

（2）当 $h=c$ 为劣级，其指标标准值区间 $I_{ic}=[a, b]_{ic}$，显然区间 I_{ic} 的下界 b_{ic} 对劣级 A^c 的相对隶属度 $\mu_{\underset{\sim}{A^c}}(b_{ic})=1$；当 $x_i=a_{ic}$ 时，$\mu_{\underset{\sim}{A^c}}(a_{ic})=0.5$。

设 M_{ic} 为指标 i 在区间 $[a, b]_{ic}$ 内对劣 A^c 的相对隶属度为 1 的点值，因 c 级为劣级，区间右端点 b_{ic} 对劣的相对隶属度为 1，则有 $M_{ic}=b_{ic}$。当指标 i 特征值 x_i 落入 c 级区间 I_{ic} 时，即 M_{ic} 的左侧，对劣级的相对隶属度可按式（17-5）计算。

$$\mu_{\underset{\sim}{A^c}}(x_i)_c=0.5\left[1+\left(\frac{x_i-a_{ic}}{M_{ic}-a_{ic}}\right)^{\beta}\right] \quad x_i\in[a_{ic}, aM_{ic}] \qquad (17-5)$$

式（17-5）满足当 $x_i=b_{ic}$ 时，对劣 A^c 的相对隶属度 $\mu_{\underset{\sim}{A^c}}(b_{ic})=1$，当 $x_i=a_{ic}$，$\mu_{\underset{\sim}{A^c}}(a_{ic})=0.5$。当 x_i 落入区间 $I_{i(c-1)}$ 即邻级（$c-1$）级时，x_i 也必在 M_{ic} 的左侧。x_i 对劣级的相对隶属度可按式（17-6）计算。

$$\mu_{\underset{\sim}{A^c}}(x_i)_c=0.5\left[1-\left(\frac{x_i-a_{ic}}{c_{ic}-a_{ic}}\right)^{\beta}\right] \quad x_i\in[c_{ic}, a_{ic}] \qquad (17-6)$$

式中 $c_{ic}=a_{i(c-1)}$，如图 17-2 所示。

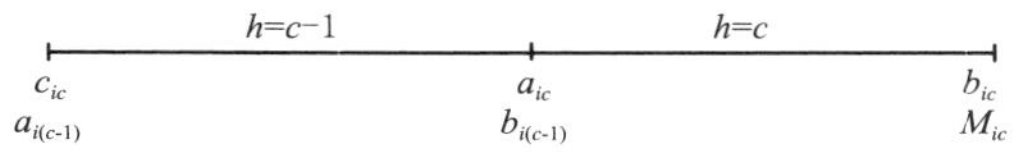

图 17-2 $c_{ic}=a_{i(c-1)}$、$M_{ic}=b_{ic}$ 示意图

（3）当 c 为中介级。先设 c 为奇数，则存在不优不劣的中介级 $I=\dfrac{c+1}{2}$，其指标标准值区间 $I_{il}=[a，b]_{il}$，区间 I_{il} 的上、下界 a_{il} 与 b_{il} 对 I 级的相对隶属度均为 0.5。但它们与邻级的关系并不一样，即 a_{il} 与 $b_{i(l-1)}$ 重合，b_{il} 与 $a_{i(l+1)}$ 重合，前者对（I-1）级具有小于 0.5 的相对隶属度，后者对（I+1）级具有小于 0.5 的相对隶属度。设 M_{il} 为中介级I区间 $[a，b]_{il}$ 中对不优不劣级 I 的相对隶属度为 1 的点值。由于已经设定 1 级为优级，c 级为劣级，并已根据优、劣的对立模糊概念，确定 $M_{il}=a_{il}$，$M_{ic}=b_{ic}$，根据 1 级至 c 级，即优级向劣级逐步变化过程中，中介级 I 的 M_{il} 点值可取 l 级的区间中点，即 $M_{il}=\dfrac{a_{il}+b_{il}}{2}$。

如 x_i 落入区间 $I_{il1}=[a，b]_{il}$ 内，且在 M_{il} 的左侧，则 x_i 对 I 级的相对隶属度可按式（17-7）确定。

$$\mu_{\underset{\sim}{A}}(x_i)_l=0.5\left[1+\left(\frac{x_i-a_{il}}{M_{il}-a_{il}}\right)^{\beta}\right] \qquad x_i\in[a_{il}，M_{il}] \qquad (17-7)$$

如 x_i 落入左侧相邻区间 $I_{i(l-1)}=[a，b]_{i(l-1)}$ 内，x_i 也必在 M_{il} 的左侧，则 x_i 对 I 级的相对隶属度可按式（17-8）计算。

$$\mu_{\underset{\sim}{A}}(x_i)_l=0.5\left[1-\left(\frac{x_i-a_{il}}{c_{il}-a_{il}}\right)^{\beta}\right] \qquad x_i\in[c_{il}，a_{il}] \qquad (17-8)$$

如 x_i 落入区间 $I_{il2}=[a，b]_{il}$ 内，且在 M_{il} 的右侧，则 x_i 对 I 级的相对隶属度可按式（17-9）确定。

$$\mu_{\underset{\sim}{A^c}}(x_i)_l=0.5\left[1+\left(\frac{x_i-b_{il}}{M_{il}-b_{il}}\right)^{\beta}\right] \qquad x_i\in[M_{il}，b_{il}] \qquad (17-9)$$

如 x_i 落入右侧相邻区间 $I_{i(l+1)}=[a，b]_{i(l+1)}$ 内，x_i 也必在 M_{il} 的右侧，则 x_i 对 I 级的相对隶属度可按式（17-10）。

$$\mu_{\underset{\sim}{A^c}}(x_i)_l=0.5\left[1-\left(\frac{x_i-b_{il}}{d_{il}-b_{il}}\right)^{\beta}\right] \qquad x_i\in[b_{il}，d_{il}] \qquad (17-10)$$

确定。$d_{il}=b_{i(l+1)}$，如图 17-3 所示。

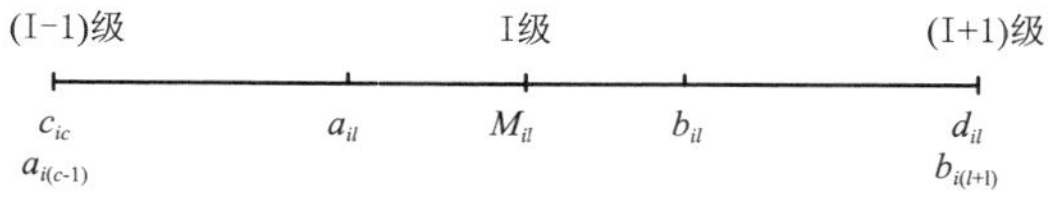

图 17-3 c 为奇数，$c_{il}=a_{i(l-1)}$、$d_{il}=b_{i(l+1)}$ 与 M_{il} 示意图

若 c 为偶数，不存在中介级，或中介级 l 变为中介点。

中介级 M_{il}（c 为奇数）或中介点（c 为偶数）将 c 个级别分为左、右两部分，左部级别 $h = 1$，2，…，$\dfrac{c-1}{2}$（c 为奇数），$h = 1$，2，…，$\dfrac{c}{2}$（c 为偶数）以优为主，右部级别 $h = c$，$c-1$，…，$\dfrac{c+3}{2}$（c 为奇数），$h = c$，$c-1$，…，$\dfrac{c+2}{2}$（c 为偶数）以劣为主。

将上述 $h = 1$，$h = c$，$h = 1$ 三种情况 x_i 落在 M_{ih} 左、右侧时，对级别 h 的相对隶属度式（17-3）～式（17-10）进行归纳，得到级别 h 相对隶属度计算公式的统一模型为：

当 x_i，落在 M_{ih} 左侧时见式（17-11）、式（17-12）：

$$\mu_{\underset{\sim}{A}}(x_i)_h = 0.5\left[1 + \left(\frac{x_i - a_{ih}}{M_{ih} - a_{ih}}\right)^\beta\right] \quad x_i \in [a_{ih}, M_{ih}] \tag{17-11}$$

$$\mu_{\underset{\sim}{A}}(x_i)_h = 0.5\left[1 - \left(\frac{x_i - a_{ih}}{c_{ih} - a_{ih}}\right)^\beta\right] \quad x_i \in [c_{ih}, a_{ih}] \tag{17-12}$$

当 x_i，落在 M_{ih} 右侧时有式（17-13）、式（17-14）：

$$\mu_{\underset{\sim}{A}}(x_i)_h = 0.5\left[1 + \left(\frac{x_i - b_{ih}}{c_{ih} - a_{ih}}\right)^\beta\right] \quad x_i \in [M_{ih}, b_{ih}] \tag{17-13}$$

$$\mu_{\underset{\sim}{A}}(x_i)_h = 0.5\left[1 - \left(\frac{x_i - b_{ih}}{c_{ih} - a_{ih}}\right)^\beta\right] \quad x_i \in [b_{ih}, d_{ih}] \tag{17-14}$$

$h = 1$，2，…，$1-1$。式中：M_{ih} 是一个重要参数，可根据待评对象级别 h 对优、劣模糊概念的物理分析确定。对优级即 $h = 1$，$M_{ih} = a_{il}$；对劣级即 $h = c$，$M_{ic} = b_{ic}$；对 c 为奇数的中介级（不优不劣级）$h = 1$，$M_{il} = \dfrac{ail + bil}{2}$。对于 $c > 3$ 的多级别综合评价问题，它们是需要满足的边界条件。当 $h = 1+1$，$1+2$，…，c 时，式（17-11）～式（17-14）中的 $\mu_{\underset{\sim}{A}}(x_i)_h$ 以 $\mu_{\underset{\sim}{A^c}}(x_i)_h$ 置换。当 $c > 3$ 的其他级别 M_{ih} 可根据级别 1 至 c，h 由优级逐步变化为劣级，且经过中介级 1（c 为奇数）或中介点（c 为偶数），即当 M_{ih} 为线性变化时，则 M_{ih} 的点值通用模型见式（17-15）：

$$M_{ih} = \frac{c-h}{c-1}a_{ih} + \frac{h-1}{c-1}b_{ih} \tag{17-15}$$

式（17-15）满足上述三个边界条件：①当 $h = 1$ 时，$M_{il} = a_{il}$；②当 $h = c$ 时 $M_{ic} = b_{ic}$；③当 $h = 1 = \dfrac{c+1}{2}$ 时，$M_{il} = \dfrac{a_{il} + b_{il}}{2}$，且对递减指标（$a > b$，越大越优）、递增指标（$a < b$，越小越优）均可适用。

根据式（17-11）～式（17-14）可以确定评价对象指标 i 的特征值 x_i 对各个级别的相对隶属度矩阵，然后应用可变模糊优选模型求解级别 h 的综合相对隶属度。最后应用级别特征值公式，对待评对象作出综合评价。

17.2.2　可变模糊评价步骤

多指标多级别可变模糊综合评价方法的基本步骤如下：

设有 n 个待评价样本组成的样本集 $\{x_1, x_2, \cdots, x_n\}$，每个样本按 m 个指标特征值对其进行综合评价，则有待评样本特征值矩阵，见式（17-16）：

$$X = \begin{bmatrix} x_{11} & x_{12} & \cdots & x_{1n} \\ x_{21} & x_{22} & \cdots & x_{2n} \\ \vdots & \vdots & & \vdots \\ x_{m1} & x_{m2} & \cdots & x_{mn} \end{bmatrix} = (x_{ij}) \tag{17-16}$$

x_{ij} 为样本 j 指标 i 的特征值，$i = 1,2,\cdots,m$；$j = 1,2,\cdots,n$。

样本按 c 个级别指标标准值区间进行综合评价，设级别指标标准值区间矩阵，见式（17-17）：

$$I_{ab} = \begin{Bmatrix} [a_{11}, b_{11}] & [a_{12}, b_{12}] & \cdots & [a_{1c}, b_{1c}] \\ [a_{21}, b_{21}] & [a_{22}, b_{22}] & \cdots & [a_{2c}, b_{2c}] \\ \vdots & \vdots & & \vdots \\ [a_{m1}, b_{m1}] & [a_{m2}, b_{m2}] & \cdots & [a_{mc}, b_{mc}] \end{Bmatrix} = ([a_{ih}, b_{ih}]) \tag{17-17}$$

$i = 1,2,\cdots,m$；$h = 1,2,\cdots,c$。

l 级为优级；c 级为劣级。

矩阵 I_{ab} 即为各级指标标准值区间矩阵，它是已知矩阵；对于级别 h 指标 i 的范围值区间 $[c_{ih}, d_{ih}]$，可根据矩阵 I_{ab} 中各级指标标准值区间两侧相邻区间的上下限值确定，对于 1 级、c 级因其左、右侧无相邻级别，故无需确定其上限值 c_{i1} 与下限值 d_{ic}。即矩阵，见式（17-18）：

$$I_{cd} = \begin{Bmatrix} [c_{11}, d_{11}] & [c_{12}, d_{12}] & \cdots & [c_{1c}, d_{1c}] \\ [c_{21}, d_{21}] & [c_{22}, d_{22}] & \cdots & [c_{2c}, d_{2c}] \\ \vdots & \vdots & & \vdots \\ [c_{m1}, d_{m1}] & [c_{m2}, d_{m2}] & \cdots & [c_{mc}, d_{mc}] \end{Bmatrix} = ([c_{ih}, d_{ih}]) \tag{17-18}$$

式中 c_{i1}、d_{ic} 不必确定。

根据矩阵 I_{ab}，确定区间 $[a_{ih}, b_{ih}]$ 中相对隶属度等于 1 即 $\mu_A(x_{ij})_h = 1$ 的点值矩阵 M，见式（17-19）：

$$M = \begin{Bmatrix} M_{11} & M_{12} & \cdots & M_{1c} \\ M_{21} & M_{22} & \cdots & M_{2c} \\ \vdots & \vdots & & \vdots \\ M_{m1} & M_{m2} & \cdots & M_{mc} \end{Bmatrix} = (M_{ih}) \tag{17-19}$$

根据待评样本 j 指标 i 的特征值 x_{ij} 与级别 h 指标 i 的 M_{ih} 值进行比较，若 x_{ij} 落在 M_{ih} 值的左侧，其相对隶属函数为

$$\mu_{\underset{\sim}{A}}(x_i)_h = 0.5\left[1 + \left(\frac{x_i - a_{ih}}{M_{ih} - a_{ih}}\right)^\beta\right] \quad x_i \in [a_{ih}, M_{ih}] \tag{17-20}$$

$$\mu_{\underset{\sim}{A}}(x_i)_h = 0.5\left[1 - \left(\frac{x_i - a_{ih}}{c_{ih} - a_{ih}}\right)^\beta\right] \quad x_i \in [c_{ih}, a_{ih}] \tag{17-21}$$

若 x_{ij} 落入 M_{ih} 值的右侧，其相对隶属函数为

$$\mu_{\underset{\sim}{A}}(x_i)_h = 0.5\left[1 + \left(\frac{x_i - b_{ih}}{c_{ih} - a_{ih}}\right)^\beta\right] \quad x_i \in [M_{ih}, b_{ih}] \tag{17-22}$$

$$\mu_{\underset{\sim}{A}}(x_i)_h = 0.5\left[1-\left(\frac{x_i-b_{ih}}{c_{ih}-a_{ih}}\right)^{\beta}\right] \quad x_i \in [b_{ih},\ d_{ih}] \tag{17-23}$$

根据式（17-20）～式（17-23）计算样本 j 指标 i 对各个级别的相对隶属度矩阵

$$_jU = (\mu_{\underset{\sim}{A}}(x_{ij})_h) \tag{17-24}$$

根据可变模糊评价模型，则有样本 j 对级别 h 的综合相对隶属度 $_ju'_h$ 为

$$_ju'_h = \left\{1+\left[\frac{\sum\limits_{i=1}^{m}\left[w_i(1-\mu_{\underset{\sim}{A}}(x_{ij})_h)\right]^p}{\sum\limits_{i=1}^{m}\left[w_i\mu_{\underset{\sim}{A}}(x_{ij})_h\right]^p}\right]^{\frac{\alpha}{p}}\right\}^{-1} \tag{17-25}$$

式中　　w_i——指标权重；

　　　　α——优化准则参数，$\alpha=1$ 为最小一乘方准则，$\alpha=2$ 为最小二乘方准则；

　　　　p——距离参数，$p=1$ 为海明距离，$p=2$ 为欧氏距离；

　　α、p——可变模型参数，通常有四种组合：①$\alpha=1$，$p=1$；②$\alpha=1$，$p=2$；③$\alpha=2$，$p=1$；④$\alpha=2$，$p=2$。

由此可见，可变模糊模型（17-25）相当于四种参数组合的模型集，即可变模型集。根据参数的四种不同组合均可得到一个相应的非归一化综合相对隶属度矩阵

$$_jU' = (_ju'_h) \tag{17-26}$$

对式（14-25）进行归一化，得到样本 j 对级别 h 的归一化综合相对隶属度矩阵

$$_jU = (_ju_h) \tag{17-27}$$

式中

$$_ju_h = {}_ju'_h\bigg/\sum_{h=1}^{c}{}_ju'_h \tag{17-28}$$

应用级别特征值公式，计算样本 j 的级别特征值向量

$$H_j = (1,\ 2,\ \cdots,\ c)\ {}_jU \tag{17-29}$$

根据 H_j 对样本进行综合评价。

根据陈守煜编著的《可变模糊集理论与模型及其应用》（2009.09），级别特征值 $H(u_0)$ 是一个描述级别的数，且

$$1 \leqslant H(u_0) \leqslant c \tag{17-30}$$

通常不是一个整数。根据 $H(u_0)$ 可反馈得到相应的级别，据此可对 u_0 做出属于何种级别的判断。为了更细致地应用级别特征值进行判定，给出判断准则公式：

$1.0 \leqslant H(u_0) \leqslant 1.5$，归属于 1 级　　　　　　　　　　　　　　　　（17-31）

$h-0.5 \leqslant H(u_0) \leqslant h$，归属于 h 级，偏（$h-1$）级（$h=2,3,\cdots,c-1$）

（17-32）

$h \leqslant H(u_0) \leqslant h+0.5$，归属于 h 级，偏（$h-1$）级（$h=2,3,\cdots,c-1$）

（17-33）

$c-0.5 \leqslant H(u_0) \leqslant c$，归属于 c 级　　　　　　　　　　　　　　　　（17-34）

17.3 玉米膜下滴灌质量评价体系研究

17.3.1 质量评价指标体系构建

根据运行质量评价体系的需求，以相关参数的监测体系为依托，并结合膜下滴灌工程运行的经验，确定已运行的膜下滴灌工程综合监测体系的指标分级，利用可变模糊评价模型，构建一个标准一致、指标全面、高效灵活、操作性强、参考性广的玉米膜下滴灌质量评价体系。

通过对核心示范区 2015—2018 年连续的数据监测，对周边具有代表性的膜下滴灌项目区进行调查，结合项目组多年从事膜下滴灌工作的经验，确定玉米膜下滴灌质量评价体系体系为目标层、单元层和指标层 3 层结构。单元层主要分为 3 大子系统，即技术指标、经济指标和运行管理指标，共包含 20 项指标（见表 17-2）。

17.3.2 指标等级划分

根据本课题实际情况，参考类似评价体系研究的分级情况[18、19]，将膜下滴灌质量评价体系等级分为 5 级。由于指标较多，且各指标的单位和度量方式不同，为了便于评价分析，对个指标进行数字量化，对不同指标采取不同的分级划界方法。指标的分级按"优"到"劣"的顺序从左向右排列，根据公式确定 I_{ab} 矩阵。

具体分级见表 17-3。

表 17-2　　　　　　　　　玉米膜下滴灌质量评价体系指标表

目标层	单元层	指标层	指 标 含 义
玉米膜下滴灌质量评价体系	技术指标	灌溉用水量/（m³/亩）	水源引入的灌溉水量，包括作物正常生长所需灌溉的水量、渠系输水损失水量和田间灌水损失水量
		电力配套程度/%	反应电力配套程度的指标，按 1～100 分计
		灌水均匀度	灌溉范围内，田间土壤湿润的均匀程度，0～1.0
		农田灌溉水有效利用系数	指灌水期间被农作物利用的净水量与水源处总引进水量的比值
		残膜回收率	农膜的回收量与铺设总量的比值
		提水效率/%	水泵的有效功率与轴功率之比的百分数，标志水泵能量转换的有效程度
		水分生产率/（kg/m³）	单位水资源量所获得的产量或产值
		玉米容重/（g/L）	单位容积内物体的重量
	经济指标	增产率/%	一定时间内产量的增长量与未增长前产量的比值
		节水率/%	一定时间内灌溉用水量的节约量与未节约前灌溉用水量的比值
		农药用量/（元/亩）	单位面积农药用量，转换为投资表示
		化肥用量/（元/亩）	单位面积化肥用量，转换为投资表示
		耗能/（kW·h/亩）	指单位产量或单位产值所消耗的某种能源量
		省工量/（工/亩）	单位面积相对使用膜下滴灌技术前的常规种植耕作方法，节省的人工量

目标层	单元层	指标层	指 标 含 义
玉米膜下滴灌质量评价体系	运行管理指标	管理模式/%	反应项目区管理模式先进性的指标，按0～100分计
		农民接受程度/%	反应项目区种植农户或当地农民对实施膜下滴灌的接受程度，按0～100分计
		滴灌工程使用率/%	在已开展的膜下滴灌项目区，真正使用的面积比例
		规章制度完善度/%	为确保膜下滴灌效果而制定的规章制度的完善程度，按0～100分计
		操作人员熟练度/%	具体开展膜下滴灌的操作人员对膜下滴灌使用技术的熟练程度，按0～100分计
		工程完好率/%	继续实施膜下滴灌的工程面积与最初规划的面积之比，按0～100分计

表 17-3 **玉米膜下滴灌质量评价体系评价指标等级划分表**

（对应评价模型的 I_{ab} 矩阵）

序号	单元层	指标层	等 级 划 分									
			Ⅰ级		Ⅱ级		Ⅲ级		Ⅳ级		Ⅴ级	
1	技术指标	灌溉用水量/（m³/亩）	120	80	80	60	60	40	40	20	20	0
2		电力配套程度/%	100	90	90	70	70	50	50	30	30	0
3		灌水均匀度	1	0.9	0.9	0.8	0.8	0.7	0.7	0.6	0.6	0
4		农田灌溉水有效利用系数	1	0.9	0.9	0.8	0.8	0.7	0.7	0.5	0.5	0
5		残膜回收率/%	100	85	85	70	70	55	55	30	30	0
6		提水效率/%	100	90	90	70	70	50	50	30	30	0
7	经济指标	水分生产率/（kg/m³）	4.5	4.0	4.0	3.0	3.0	2.0	2.0	1.0	1.0	0
8		玉米容重/（g/L）	800	720	720	685	685	650	650	620	620	590
9		增产率/%	140	90	90	70	70	50	50	30	30	0
10		节水率/%	200	90	90	70	70	50	50	30	30	0
11		农药用量/（元/亩）	5	10	10	16.7	16.7	23.3	23.3	30	30	36.7
12		化肥用量/（元/亩）	266.7	166.7	166.7	133.3	133.3	100	100	66.7	66.7	33.3
13		耗能/（kW·h/亩）	0	20	20	40	40	60	60	80	80	120
14		省工量/（工/亩）	0.53	0.33	0.33	0.27	0.27	0.2	0.2	0.13	0.13	0
15	运行管理指标	管理模式/%	100	90	90	70	70	50	50	30	30	0
16		农民接受程度/%	100	90	90	70	70	50	50	30	30	0
17		滴灌工程使用率/%	100	90	90	70	70	50	50	30	30	0
18		规章制度完善度/%	100	90	90	70	70	50	50	30	30	0
19		操作人员熟练度/%	100	90	90	70	70	50	50	30	30	0
20		工程完好率/%	100	90	90	70	70	50	50	30	30	0

17.3.3 相对隶属度计算

根据上述模糊评价模型原理，对指标区间 I_{ab} 按公式整合后得到 I_{cd}，实测数据，对照 I_{ab} 和 I_{cd} 计算 M 矩阵，进而计算相对隶属度 $_jU$。

采用 delphi 语言进行可视化编程计算，如图 17-4、图 17-5 所示。

17.3.4 指标权重确定

权重是以某种数量形式对比、权衡被评价事物总体中诸因素相对重要程度的量值，它既是决策者

图 17-4 吉林省玉米膜下滴灌质量评价体系界面

偏好的反映，又是指标本身物理属性的客观反映。相同的评价方法，相同的指标体系，选取不同的权重，也会对评价结果造成差异。

序号	单元层	指标层	1	2	3	4	5
1	技术指标	亩均灌溉水量 (m3)	0.75	0.25	0	0	0
2		电力配套程度 (%)	1	0	0	0	0
3		灌水均匀度	0.75	0.25	0	0	0
4		农田灌溉水有效利用系数	0.95	0.05	0	0	0
5		纸膜回收率 (%)	1	0	0	0	0
6		提水效率 (%)	0	0.5	0.5	0	0
7	经济指标	水分生产率 (kg/m3)	0.1516	0.601	0.2474	0	0
8		玉米容重 (g/L)	0.594	0.406	0	0	0
9		增产率 (%)	0.1875	0.8249	0.1875	0	0
10		节水率 (%)	0	0	0	0.417	0.583
11		农药用量 (元/公顷)	0	0.1667	0.6667	0.1667	0
12		化肥用量 (元/公顷)	0.5666	0.4334	0	0	0
13		耗能 (kw.h/亩)	0.179	0.6192	0.2018	0	0
14		亩均省工 (工日/亩)	0	0	0.5	0.5	0
15	运行管理指标	管理模式 (%)	1	0	0	0	0
16		农民接受程度 (%)	1	0	0	0	0
17		滴灌工程使用率 (%)	1	0	0	0	0
18		规章制度完善度 (%)	1	0	0	0	0
19		操作人员熟练度 (%)	1	0	0	0	0
20		工程完好率 (%)	1	0	0	0	0

图 17-5 相对隶属度（归一化后）计算界面

本次膜下滴灌质量评价体系研究，主要是研究膜下滴灌运行后的质量评价，各指标权重的确定采用工程管理学中的"强制打分法（0—4 评分法）"。强制打分法，又称 FD 法，包括 0—1 评分法和 0—4 评分法，采用一定的评分规则，采用强制对比打分来评定评价对象的重要性。0—4 评分法能够克服 0—1 评分法的不足，可将重要性差别拉开档次。评分工作由课题组组织 11 名农田水利等相关专业专家对每项指标一一对比，逐项打分。打分原则如下：

（1）指标 A 比指标 B 重要得多：　　　　指标 A 得 4 分，指标 B 得 0 分；

（2）指标 A 比指标 B 重要：　　　　　　指标 A 得 3 分，指标 B 得 1 分；

（3）指标 A 与指标 B 同等重要：　　　　指标 A 得 2 分，指标 B 得 2 分；

（4）指标 A 不如指标 B 重要：　　　　　指标 A 得 1 分，指标 B 得 3 分；

（5）指标 A 远不如指标 B 重要：　　　　指标 A 得 0 分，指标 B 得 4 分。

　　按顺序将各项指标逐一进行对比打分，各项指标的累计分值与所有指标累计分值的总和的比值，即为该项指标对应的权重，对所有权重逐一核查，确保一致性满足要求后，作为计算依据使用，见表 17－4 和图 17－6。

表 17－4　　　　　　　　　玉米膜下滴灌质量评价体系权重计算成果表

序号	单元层	指标层	权重
1	技术指标	灌溉用水量/（m³/亩）	0.0596
2		电力配套程度/%	0.0468
3		灌水均匀度	0.0298
4		农田灌溉水有效利用系数	0.0624
5		残膜回收率（农膜残留率）	0.0397
6		提水效率/%	0.0326
7	经济指标	水分生产率/（kg/m³）	0.0752
8		玉米容重/（g/L）	0.0766
9		增产率/%	0.0794
10		节水率/%	0.0695
11		农药用量/（元/亩）	0.0298
12		化肥用量/（元/亩）	0.0553
13		耗能/（kW·h/亩）	0.0298
14		省工量/（工/亩）	0.0270
15	运行管理指标	管理模式/%	0.0582
16		农民接受程度/%	0.0567
17		滴灌工程使用率/%	0.0638
18		规章制度完善度/%	0.0241
19		操作人员熟练度/%	0.0255
20		工程完好率/%	0.0582
合计			1.0000

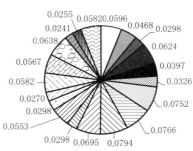

图 17－6　指标层权重分布图

17.3.5 评价结果等级的划分

根据陈守煜编著的《可变模糊集理论与模型及其应用》（2009.09），为了更细致地应用级别（或类别）特征值进行判断或评定，给出如下判断准则公式，分为 5 级标准：

$1.0 \leqslant H(u_0) \leqslant 1.5$，归属于 1 级，即优秀；

$1.5 < H(u_0) \leqslant 2.5$，归属于 2 级，即良好；

$2.5 < H(u_0) \leqslant 3.5$，归属于 3 级，即中等；

$3.5 < H(u_0) \leqslant 4.5$，归属于 4 级，即合格；

$4.5 < H(u_0) \leqslant 5.0$，归属于 5 级，即不合格。

17.3.6 评价结果验证

采用两种验证方法来考察本评价体系的可靠性：

（1）极端数据验证法：分别采用指标的上限、下限作为假定的实测指标，根据评价体系的评价结果，判断是否符合 5 级等级的上下限。

（2）实例验证法：采用吉林省农科院在松原市宁江区大洼镇明乐村的试验基地为例（该基地运行多年，配套措施及管理水平均比较优秀，经专家论证，一致认为其综合质量处于"良好"以上水平），采用其实测数据进行评价，验证其评价结果是否符合实际情况。

1. 极端数据验证

极端数据验证，以 20 个评价指标优、劣分级的上、下限极端数值为基础数据，具体数据，见表 17-5。

表 17-5 优劣分级极端数据表

序号	指标层	优级极值	劣级极值
1	灌溉用水量/（m³/亩）	120	0
2	电力配套程度/%	100	0
3	灌水均匀度	1	0
4	农田灌溉水有效利用系数	1	0
5	残膜回收率/%	100	0
6	提水效率/%	100	0
7	水分生产率/（kg/m³）	45	0
8	玉米容重/（g/L）	800	590
9	增产率/%	140	0
10	节水率/%	200	0
11	农药用量/元/亩	5	36.7
12	化肥用量/（元/亩）	266.7	33.3
13	耗能/（kW·h/亩）	0	120
14	省工量/（工/亩）	0.53	0
15	管理模式/%	100	0

续表

序号	指标层	优级极值	劣级极值
16	农民接受程度/%	100	0
17	滴灌工程使用率/%	100	0
18	规章制度完善度/%	100	0
19	操作人员熟练度/%	100	0
20	工程完好率/%	100	0

评价结果见图 17 - 7～图 17 - 10。

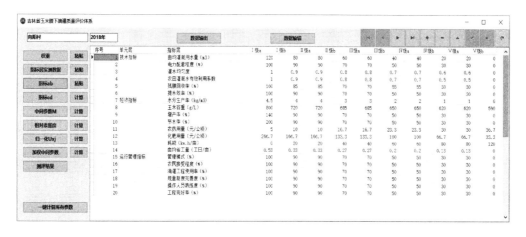

图 17 - 7　质量评价体系指标分级界面

图 17 - 8　优级极值指标数据录入界面

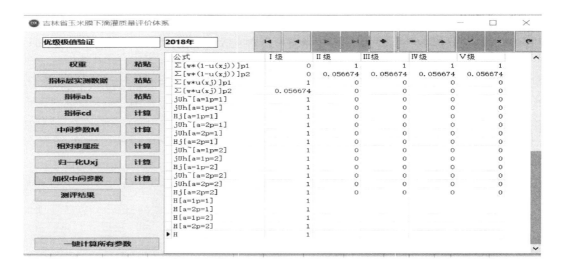

公式	I级	II级	III级	IV级	V级
Σ[w*(1-u(xj))]p1	0	1	1	1	1
Σ[w*(1-u(xj))]p2	0	0.056674	0.056674	0.056674	0.056674
Σ[w*u(xj)]p1	1	0	0	0	0
Σ[w*u(xj)]p2	0.056674	0	0	0	0
jUh~[a=1p=1]	1	0	0	0	0
jUh[a=1p=1]	1	0	0	0	0
Hj[a=1p=1]	1	0	0	0	0
jUh~[a=2p=1]	1	0	0	0	0
jUh[a=2p=1]	1	0	0	0	0
Hj[a=2p=1]	1	0	0	0	0
jUh~[a=1p=2]	1	0	0	0	0
jUh[a=1p=2]	1	0	0	0	0
Hj[a=1p=2]	1	0	0	0	0
jUh~[a=2p=2]	1	0	0	0	0
jUh[a=2p=2]	1	0	0	0	0
Hj[a=2p=2]	1	0	0	0	0
H[a=1p=1]	1				
H[a=2p=1]	1				
H[a=1p=2]	1				
H[a=2p=2]	1				
H	1				

图 17-9 优级极值工况的评价结果

公式	I级	II级	III级	IV级	V级
Σ[w*(1-u(xj))]p1	1	1	1	1	0
Σ[w*(1-u(xj))]p2	0.056674	0.056674	0.056674	0.056674	0
Σ[w*u(xj)]p1	0	0	0	0	1
Σ[w*u(xj)]p2	0	0	0	0	0.056674
jUh~[a=1p=1]	0	0	0	0	1
jUh[a=1p=1]	0	0	0	0	1
Hj[a=1p=1]	0	0	0	0	5
jUh~[a=2p=1]	0	0	0	0	1
jUh[a=2p=1]	0	0	0	0	1
Hj[a=2p=1]	0	0	0	0	5
jUh~[a=1p=2]	0	0	0	0	1
jUh[a=1p=2]	0	0	0	0	1
Hj[a=1p=2]	0	0	0	0	5
jUh~[a=2p=2]	0	0	0	0	1
jUh[a=2p=2]	0	0	0	0	1
Hj[a=2p=2]	0	0	0	0	5
H[a=1p=1]	5				
H[a=2p=1]	5				
H[a=1p=2]	5				
H[a=2p=2]	5				
H	5				

图 17-10 劣级极值工况的评价结果

通过评价计算，采用优级极值评价计算的 $H=1$，与评价结果分级的最优级上限一致，评价等级为“优秀”；采用劣级极值评价计算的 $H=5$，与评价结果分级的最劣级下限一致，评价等级为“不合格”。

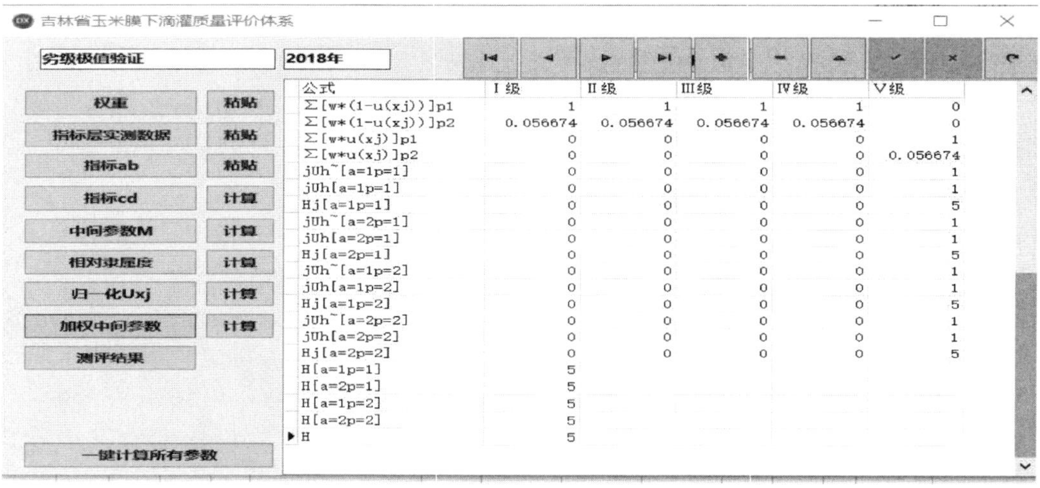

因此，同过优劣极端数据验证后，可以证明本评价体系的评价结果是正确的。

2. 实例验证

以吉林省农科院在松原市大洼镇明乐村的试验基地为例，采用 2018 年实测数据（数据由吉林省农科院明乐村试验基地提供）进行评价计算，过程及结果如图 17-11 所示。

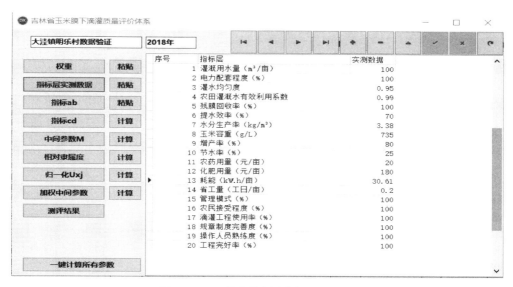

图 17-11　明乐村实测数据录入界面

　　从明乐村的数据来看，技术指标层，除提水效率处于Ⅱ级外，其他 5 项指标均处于Ⅰ级水平；经济指标层，玉米容重及化肥用量处于Ⅰ级，水分生产率、增产率、能耗指标处于Ⅱ级，省工量指标处于Ⅲ级，节水率指标处于Ⅴ级；运行管理指标层，均处于Ⅰ级水平。

　　从实测的指标数据看，明乐村试验基地的技术指标层面及运行管理指标层面水平均处于很高的水平，但是经济指标层还有提高的空间，如图 17-12 所示。

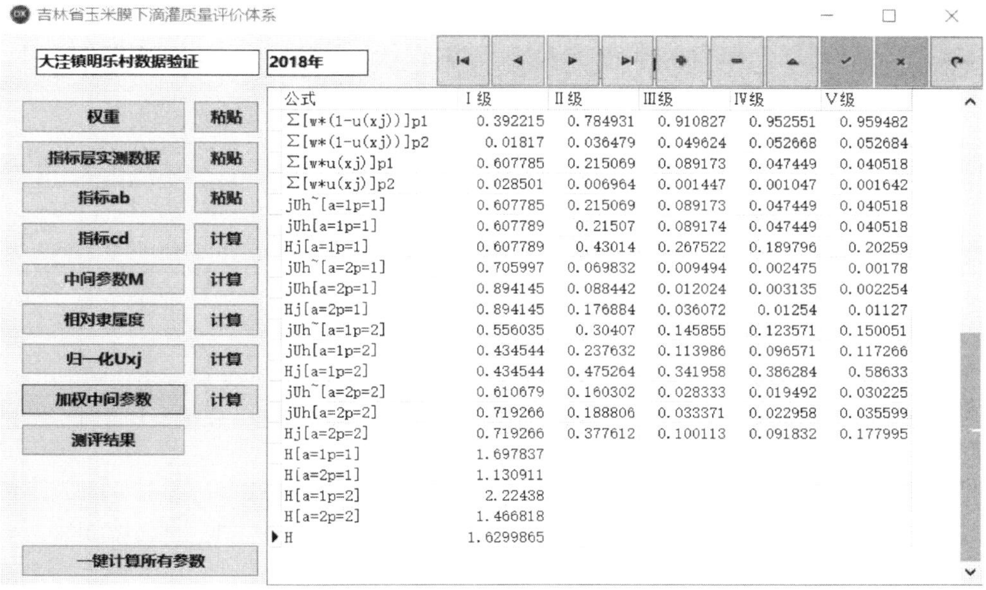

图 17-12　明乐村质量评价结果

从明乐村的评价结果看，评价结果 $H=1.63$，评价等级为"良好"，尽管没有达到"优秀"级别，但是其评价结果数据十分接近"优秀"等级的下限 1.5，可以预见，只要在未来有针对性的优化经济指标层数据，评价结果就能进入"优秀"等级。

明乐村的评价结果，处于"良好"级别的上限附近，对此评价结论，专家们给与一致认可，认为评价结论符合明乐村目前的实际情况，评价体系可靠性很好。

3. 验证结论

通过优劣级极端数据验证法和明乐村实例验证法，"吉林省玉米膜下滴灌质量评价体系"评价原理正确，评价结论可靠，可以进一步用万亩核心示范区及节水增粮行动辐射区内工程质量等级评价，在进一步深挖改评价体系潜力后，可为提高膜下滴灌质量提供决策性技术支持。

17.3.7 评价结果

根据万亩核心示范区的 2015—2018 年实测数据，应用本质量评价体系，对各年度的数据进行评价，并对评价结果进行解析。

2015—2018 年实测数据见表 17-6。

表 17-6　　　　　向阳村万亩核心示范区的 2015—2018 年实测数据

序号	指标层	2015 年	2016 年	2017 年	2018 年
1	灌溉用水量/（m³/亩）	40	60	85	70
2	电力配套程度/%	60	70	80	85
3	灌水均匀度	0.96	0.96	0.96	0.96
4	农田灌溉水有效利用系数	0.80	0.83	0.86	0.92
5	残膜回收率/%	60	75	80	80
6	提水效率/%	65	65	65	65
7	水分生产率/（kg/m³）	26.50	27.10	31.90	35.33
8	玉米容重/（g/L）	642	687	705	708
9	增产率/%	44.55	54.00	54.97	63.88
10	节水率/%	46.30	50.00	50.00	50.00
11	农药用量/（元/亩）	5.33	10.00	12.67	5.33
12	化肥用量/（元/亩）	133.33	133.33	133.33	133.33
13	耗能/（kW·h/亩）	13.19	19.78	28.02	23.08
14	省工量/（工/亩）	0.20	0.20	0.30	0.40
15	管理模式/%	50	50	75	75
16	农民接受程度/%	50	50	75	75
17	滴灌工程使用率/%	25	33	66	85
18	规章制度完善度/%	100	100	100	100
19	操作人员熟练度/%	50	80	85	100
20	工程完好率/%	100	100	100	100

根据以上实测数据，采用"吉林省玉米膜下滴灌质量评价体系"进行评价，并将各年度计算结果整理如下，见表 17－7、图 17－13 和图 17－14。

表 17－7   示范区的 2015—2018 年评价结果特征值 H

评价年度	($a=1$, $p=1$)	($a=2$, $p=1$)	($a=1$, $p=2$)	($a=2$, $p=2$)	平均值
2015 年	2.9946	3.1742	2.9818	3.0736	3.0560
2016 年	2.6433	2.7014	2.7246	2.6973	2.6917
2017 年	2.1853	2.1069	2.3096	2.1908	2.1982
2018 年	1.9801	1.8055	2.1818	1.9709	1.9846

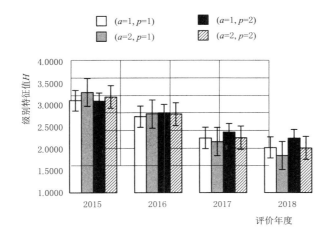

图 17－13   2015—2018 年度不同参数组合评价结果对照

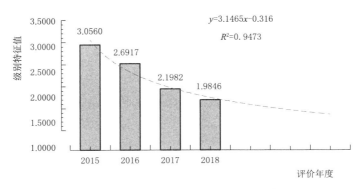

图 17－14   2015—2018 年质量评价结果对照图

2015 年计算结果：在 $a=1$，2 及 $p=1$，2 四种不同取值组合的情况下，计算的级别特征值分别为：$H_{(a=1, p=1)} = 2.9946$，$H_{(a=2, p=1)} = 3.1742$，$H_{(a=1, p=2)} = 2.9818$，

$H_{(a=2,p=2)}$ = 3.0736。平均级别特征值 H = 3.0560，归属第 3 等级，评价结果为"中等"。

2016 年计算结果：在 $a=1,2$ 及 $p=1,2$ 四种不同取值组合的情况下，计算的级别特征值分别为：$H_{(a=1,p=1)}$ = 2.6433，$H_{(a=2,p=1)}$ = 2.7014，$H_{(a=1,p=2)}$ = 2.7246，$H_{(a=2,p=2)}$ = 2.6973。平均级别特征值 H = 2.6917，归属第 3 等级，评价结果为"中等"。

2017 年计算结果：在 $a=1,2$ 及 $p=1,2$ 四种不同取值组合的情况下，计算的级别特征值分别为：$H_{(a=1,p=1)}$ = 2.1853，$H_{(a=2,p=1)}$ = 2.1069，$H_{(a=1,p=2)}$ = 2.3096，$H_{(a=2,p=2)}$ = 2.1908。平均级别特征值 H = 2.1982，归属第 2 等级，评价结果为"良好"。

2018 年计算结果：在 $a=1,2$ 及 $p=1,2$ 四种不同取值组合的情况下，计算的级别特征值分别为：$H_{(a=1,p=1)}$ = 1.9801，$H_{(a=2,p=1)}$ = 1.8055，$H_{(a=1,p=2)}$ = 2.1818，$H_{(a=2,p=2)}$ = 1.9709。平均级别特征值 H = 1.9846，归属第 2 等级，评价结果为"良好"。

17.4 结论

本研究采用可变模糊集方法，建立可变模糊评价模型对玉米膜下滴灌质量进行定量评价，丰富和发展了膜下滴灌质量评价的方法和手段。

通过对影响膜下滴灌运行质量的因素进行汇总和筛选，构建了"一个目标，三层单元，二十指标"的质量评价指标体系；采用工程管理学中"0-4"强制打分法，对 20 项指标的权重进行了分析，确定各项指标的权重；通过采用 Delphi 编程语言，对可变模糊评价模型进行编程，实现精确、高效、便捷运算，编制"吉林省西部玉米膜下滴灌质量评价体系"软件。采用优劣级别极值验证方法及工程实例验证方法，验证了吉林省西部玉米膜下滴灌质量评价体系程序的适应性、可靠性。

根据万亩核心示范区 2015—2018 年实测指标数据，对连续 4 年运行质量进行定量评价，从 2015—2018 年的质量评价结果得出：

（1）2015 年与 2016 年的评价结果均处于第 3 等级，综合评价为"中等"；2017 年与 2018 年的评价结果均处于第 2 等级，综合评价为"良好"。评价结果符合项目运行的实际情况，与现场调查的实际效果一致。

（2）随着 a 值和 p 值组合的变换，2015 年级别特征值 H 处于 2.9818～3.1742，2016 年级别特征值 H 处于 2.6433～2.7246，基本稳定于"中等"级别的中部附近；2017 年级别特征值 H 处于 2.1069～2.3096，2018 年级别特征值 H 处于 1.8055～2.1818，均稳定在"良好"级别中部附近。评价得出的级别特征值 H 在 4 个年度内均处于一个较小的变动范围。

（3）从分年度的计算特征值来看，2015 年最大，计算级别特征值 H = 3.0560，处于"中等"等级中部；2018 年最小，计算级别特征值 H = 1.9845，结果处于"良好"等级的中部。从 2015—2018 年评价结果的趋势来看，级别特征值呈递减趋势，趋势回归方程接近乘幂形式，相关性密切。

（4）通过分析各项指标的权重分布，可以看出经济指标总体权重最大，占 44.26%，运行管理指标略高于技术指标。经济指标单元层由 8 项指标组成，其中水分生产率、玉米容重、增产率、节水率、化肥用量等指标所占比重较大，处于 0.055～0.080，然而这些比重又与技术指标单元层下的灌溉用水量、灌溉水利用系数及运行管理指标单元层下的管理模式、农民接受程度、工程完好率等密切相关。

参 考 文 献

［1］　李晓. 刍议灌区农作物灌水时间的预报方法 ［J］. 水利水电技术，1993（7）：36－40.

［2］　汪馨竹. 吉林西部地下水埋深时空变化研究 ［D］. 长春：吉林大学，2009.

［3］　刘明，等. 吉林省干旱灾情评估 ［J］. 东北水利水电，1994（11）：42－47.

［4］　Zadeh L A，Fuzzy sets ［J］. Information and Control，1965，8：338－353.

［5］　陈守煜. 系统模糊决策理论与应用 ［M］. 大连：大连理工大学出版社，1994.

［6］　陈守煜. 工程模糊集理论与应用 ［M］. 北京：国防工业出版社，1998.

［7］　陈守煜. 工程可变模糊集理论与模型—模糊水文水资源学数学基础 ［J］. 大连理工大学学报，2005，45（2）：308－312.

［8］　陈守煜. 可变模糊集理论哲学基础 ［J］. 大连理工大学学报：社会科学版，2005，26（1）：53－57.

［9］　陈守煜. 可变模糊集理论——兼论可拓学的数学与逻辑错误 ［J］. 大连理工大学学报，2007，47（4）：620－624.

［10］　陈守煜. 可变模糊集合理论与可变模型集 ［J］. 数学的实践与认识，2008，38（18）：146－153.

［11］　陈守煜. 模糊可变集合与可变模糊识别模型兼论可拓集合的数学逻辑错误 ［C］. 数学及其应用，北京：原子能出版社，2007.

［12］　陈守煜. 可变模糊集理论与模型及其应用 ［M］. 大连：大连理工大学出版社，2009.

［13］　陈守煜，柴春岭，苏艳娜. 可变模糊集方法及其在土地适宜性评价中的应用 ［J］农业工程学报，2007，23（3）：95－97.

［14］　陈守煜，胡吉敏. 可变模糊评价法及在水资源承载能力评价中的应用 ［J］. 水利学报，2006，37（3）：264－271.

［15］　周惠成，张丹. 可变模糊集理论在旱涝灾害评价中的应用 ［J］. 农业工程学报，2009，125（9）：56－61.

［16］　冀晓东，靳燕国，刘纲，等. 基于可变模糊集模型的区域生态环境质量评价 ［J］. 西北农林科技大学学报（自然科学版），2010，38（9）：148－154.

［17］　苏艳娜，柴春岭，杨亚梅. 常熟市农业生态环境质量的可变模糊评价 ［J］. 农业工程学报，2007，23（11）：245－248.

［18］　罗莎莎，甄江红，贺静，等. 内蒙古呼包鄂地区生态环境质量评价研究 ［J］. 内蒙古师范大学学报（自然科学汉文版），2015，44（3）：401－405.

［19］　刘新卫. 长江三角洲典型县域农业生态环境质量评价 ［J］. 系统工程理论与实践，2005，（6）：134－138.

第六篇
技术模式集成

第 18 章 半干旱区玉米节水高产高效栽培技术模式

18.1 主体技术模式

建立了以"水分高效型品种——水肥高效型土壤壤育——减蒸增墒——水肥——体化管理——病虫草害综合防治"为主体框架的半干旱区玉米节水高产高效栽培技术模式,使工程节水与农艺节水有机结合,满足了半干旱区玉米膜下滴灌生产的需求。建立示范区,并大面积推广应用。

18.2 实施要点

1. 选地与整地

膜下滴灌种植应选择地势平坦、地力较高,有井灌条件的连片田块。灭茬、整地可在秋收后或春季播种前进行。采用机械旋耕灭茬。灭茬深度≥15cm,碎茬长度<5cm,漏茬率≤2%。先采用三犁川法起常规垄,垄距 60～65cm;再隔垄沟深耕一犁,犁尖至垄台深度应达到的 35cm。将有机肥 2～2.67m³/亩,化学肥料施入该深耕沟内。以该施肥沟(肥带)为大垄中心,打成垄底宽 120～130cm、垄顶宽 80～90cm 的大垄,打垄后及时镇压。

2. 地膜的选择

选用横纵拉力强、透明度好、能降解;幅宽在 110～120cm,厚度 0.008mm 为宜。

3. 播种

(1) 选种:选择高水分利用效率玉米品种。

(2) 种子处理:播前将种子精选,确保种子中没有虫霉粒、杂物,籽粒均匀一致。将未包衣的种子摊开在阳光下翻晒 1～2d。未包衣的种子可采用等离子体种子处理机处理,以 1.0 A 剂量处理 2～3 次,处理后 5～12d 播种。

选择通过国家批准登记的含有丁硫克百威、烯唑醇、三唑醇和戊唑醇等成分的高效低毒无公害多功能种衣剂进行种子包衣,种子包衣要按照说明书进行。

(3) 播种时间:一般年份播种可在 4 月 25 日—5 月 5 日,5cm 土层温度稳定通过 10℃以上即可播种。

(4) 播种密度:适宜的种植密度为 7.5 万～8.5 万株/hm²,地力较高、水肥充足的地块可采用种植密度的上限,地力低的地块可种植密度的下限。

(5) 播种方式:采用大垄双行(垄宽 120～130cm,垄上双行间距 40cm)—膜下滴灌(垄上双行间铺滴灌管)。

采用滴灌覆膜专用多功能播种机在做好的垄床上，一次完成喷施除草剂、铺滴灌带、覆地膜、播种、苗带覆土、镇压等作业。注意破膜下种处和覆土封眼要均匀一致，盖土不要太厚，破膜的地方用土封严。

4. 化学除草

一般选择乙草胺 45g（a.i.）/亩＋莠去津 57g（a.i.）/亩＋2，4D 丁酯 14.4g（a.i.）/亩复配剂防治。土壤有机质含量高的地块，需要适当增加用药量。除草剂要在铺管覆膜前进行均匀喷施，土壤封闭，喷药后及时覆膜。

5. 水肥管理

（1）水分管理：

1）原则：自然降雨与补水灌溉相结合，玉米生长前期要控水，中期要适当增加灌水量。灌水次数与灌水量依据玉米需水规律、灌前土壤墒情及降雨情况确定。

2）需水总量：根据玉米需水规律与土壤墒情情况，确定灌水量。保证灌溉定额与玉米生育期内降雨量总和要达到 400～450mm。各时期需水量参见表 18-1。

表 18-1　　　　　　　　　　　需水量分配

生育阶段	播种期	拔节期	大喇叭口期	灌浆期	乳熟期	全生育期
分配比例/％	10	15	30	35	10	100
需水量/mm	40～45	60～67.5	120～135	140～157.5	40～45	400～450

3）补水灌溉时期：灌溉关键期为播种期、拔节期、大喇叭口期、灌浆期、乳熟期，补水要求依据玉米不同生育阶段、不同土壤深度、土壤相对含水量确定。当土壤相对含水量低于下限（见表 18-2）时，应及时补水。

表 18-2　　　　　　　　　　灌溉土壤相对含水量下限

生育阶段	播种期	拔节期	大喇叭口期	灌浆期	乳熟期
土壤深度/cm	20	40	60	60	60
相对含水量/％	60	70	75	80	60

（2）养分管理：

1）原则。基施与追施相结合；追施肥料，水肥一体，分次施肥。

2）肥料选择。水肥一体化追施肥料必须为水溶性肥料或液体肥料。对肥料的要求：肥料养分含量要高，水溶性要好；肥料的不溶物要少，品质要好，与灌溉水相互作用小；选择的肥料品种之间能相容，相互混合不发生沉淀；选择的肥料腐蚀性要小，偏酸性为佳；优先选择能满足玉米不同生育期养分需求的专用水溶复合肥料。

3）施肥量。中等肥力土壤，目标产量达到 800kg/亩以上，适宜施肥量为：

有机肥：2m³/亩；

化肥：氮（N）11～15kg/亩，磷（P_2O_5）4～6kg/亩，钾（K_2O）5～6kg/亩；

适量补充中、微量元素肥料。

土壤肥力高的地块可增加肥料用量 5％～10％；土壤肥力低的地块可适当减少肥料用

量 5%～10%。

4）基肥与追肥比例。有机肥及非水溶性肥料基施。

化肥中磷肥以基施为主，滴施为辅；氮肥和钾肥滴施为主，基施为辅。

玉米生育期氮磷钾肥基肥与追肥比例见表 18-3。

表 18-3　　　　　　　　　　氮磷钾肥料基施、追施比例

肥料种类	氮肥/%	磷肥/%	钾肥/%
基肥	10	50	30
追肥	90	50	70

（3）水肥一体化滴灌施肥配置。玉米生育期水肥一体化滴灌施肥配置比例见表 18-4。

表 18-4　　　　　　　　　　水肥一体化滴灌施肥配置比例

生育时期		灌水量/（t/亩）	养分含量/%			中微量元素肥料/%	有机肥/%	备注
			N	P_2O_5	K_2O			
播种期	播种前	0	10	50	30	100	100	施基肥
	播种后	6.67～10	0	0	0	—	—	滴灌
拔节期		10～16.67	10	10	10	—	—	滴灌施肥
大喇叭口期		20～30	30	20	25	—	—	滴灌施肥
灌浆期		23.33～33.33	40	15	30	—	—	滴灌施肥
乳熟期		6.67～10	10	5	5	—	—	滴灌施肥
合计		66.67～100	100	100	100	100	100	—

（4）田间滴灌施肥要求：

1）施肥前，先滴清水 20～30min，待滴灌管得到充分清洗，土壤湿润后开始施肥，灌水及施肥均匀系数达到 0.8 以上；

2）施肥期间及时检查，确保滴水正常；

3）施肥结束后，继续滴清水 20～30min，将管道中残留的肥液冲净。

6. 田间管理

（1）引苗：采用膜下播种地块，当玉米第一片真叶展开后要及时破膜引苗，防止捂苗、烧苗，注意用土封严苗孔。

（2）去分蘖：玉米 5～6 叶期要及时去除分蘖，除分蘖时要注意避免损伤主茎。

（3）深松：玉米拔节期进行深松，深度在 25cm 以上。

（4）喷施化控剂：在玉米生育期间，及时喷施化控防倒制剂，喷药时要严格按照产品使用说明书要求喷施。

（5）查田、清田：播种后要经常查看田间出苗情况，如发现地膜破损或垄台两侧土压不实的，要及时用土封盖，防止被风吹开。及时清除田间弱苗、病株、无效株及田间地头杂草。勤检查管道接头，防止漏水；检查滴灌管是否有鼠嗑，如有孔洞要及时修补。

7. 主要病虫害防治

（1）防治黏虫。6 月中旬至 8 月上旬，百株玉米有黏虫 3 头以上时，用 4.5 ％高效氯氟氰菊酯乳液 800 倍液喷雾，把黏虫消灭在三龄之前。

（2）防治玉米螟。

1）白僵菌防治：

封垛：在 5 月上、中旬，如发现有越冬玉米螟幼虫爬出秸秆垛活动时，即可用白僵菌菌粉封垛。在玉米秸秆垛的茬口面，每隔 1m 用木棍向垛内捣洞 20cm 深，将机动喷粉器的喷管插入洞中进行喷粉，待秸秆垛对面或上面冒出白烟（菌粉飞出）时即可停止喷粉，如此反复，直到全垛封完为止。

田间防治：在 7 月上、中旬，玉米大喇叭口期，将白僵菌菌粉（0.5kg/亩）与细沙（4kg/亩）混拌均匀，撒于玉米心叶中，每株用量为 1g。

2）赤眼蜂防治：

在 7 月上旬至 7 月中旬，玉米螟卵孵化之前，第一次释放赤眼蜂（0.7 万头/亩），间隔 5～7d 后再释放第二次（0.8 万头/亩）。

（3）防治玉米大、小斑病。在发病初期，用 10 ％苯醚甲环唑（世高）、50 ％异菌脲（扑海因）或 70 ％代森锰锌等杀菌剂喷雾，间隔 7～10d，连续施药 2～3 次。后期叶斑病可使用高秆作物喷药机喷施。

8. 收获

适时晚收，玉米生理成熟后 7～10d 为最佳收获期，一般为 10 月 7 日。收获后的玉米要及时扒皮晾晒脱水。

18.3 技术示范效果

2014—2018 年，在乾安县、前郭县示范推广了玉米节水配套农艺高效技术模式，经专家测产，平均亩产 888.4kg/亩，产量增加 16.4 ％，玉米灌溉水利用率提高了 43.1 ％，肥料利用率提高 30.2 ％。

第19章 吉林西部盐碱旱田膜下滴灌高效节水技术模式

针对吉林西部"节水增粮行动"开展的过程中，存在的水资源短缺、盐碱障碍、膜下滴灌灌溉制度缺失、农机装备落后、农膜残留、工程运行评价体系缺乏等问题，重点开展了膜下滴灌条件下的玉米高效灌溉制度、玉米节水配套农艺关键技术、膜下滴灌玉米全程机械化设备、玉米膜下滴灌技术监测与评价体系等项研究与示范，建立了以"膜下滴灌技术集成——良种选用——新农机配套——降解地膜覆盖——减蒸增墒——水肥联合调控"为主体框架的吉林西部盐碱旱田膜下滴灌高效节水技术模式，使工程、农艺与农机有机结合，满足了半干旱区玉米节水增粮的技术需求，并进行规模化示范推广。

该技术模式解决了盐碱旱田玉米全生育期水肥脱节、残膜回收难等主要技术难题，实现水肥精准调控、田间机械集成化作业，节水45%以上，灌溉水利用率达到0.90以上，水分生产率达3.0kg/m³以上，节省人工0.4工/亩，残膜回收率80%以上，玉米单产提高30%以上，达到了粮食增产、增效的目的，见表19-1、表19-2。

表 19-1　　　　　　　　　吉林西部盐碱旱田膜下滴灌高效节水技术模式简表

技术分类	集成技术	主要技术指标
核心技术	新农机配套	1. 回转式残膜回收机：配套动力54HP，作业速度5km/h，作业幅宽1.3m，残膜回收率80%； 2. 耕整联合作业机：配套动力150HP，作业速度5km/h，作业幅宽3.9m； 3. 膜上播种机一体机：配套动力65HP，作业速度5km/h，作业幅宽3.3～3.9m
	水肥联合调控	1. 中等肥力土壤适宜施肥量为：氮（N）13kg/亩、磷（P_2O_5）5kg/亩、钾（K_2O）4kg/亩，磷、钾肥全部作为基肥。追肥结合灌水进行水肥一体化施用管理； 2.50%灌溉保证率下灌溉定额70m³/亩，灌水5次
配套技术	膜下滴灌工程	采用地膜覆盖，干、支管地埋，辅管轮灌模式
	农艺综合技术	1. 采用施加硫磺的方法改良土壤，施用量100～150kg/亩； 2. 深松蓄水：雨季来临前（6月中旬）垄沟深松（≥25cm），打破犁底层； 3. 土壤培肥：深施有机肥，施肥深度25～30cm，施用量2m³/亩； 4. 减蒸增墒技术：降解地膜覆盖，施加BY处理（聚丙烯酸—无机矿物型高吸水性树脂）
	良种选用	优质、高产、耐密型玉米品种推荐农华101、京科968、吉单558、良玉188
适用条件	膜下滴灌工程完善，农民接受程度高，规章制度健全	

表 19 - 2 　　　　　　　　吉林西部盐碱旱田膜下滴灌高效节水技术模式详表

适用范围	集成措施	模式技术	技术要点
吉林西部盐碱旱田膜下滴灌高效节水技术模式	适用于吉林省西部地区盐碱旱田（已开展节水增粮行动及高效节水灌溉工程区域），pH值为7.1～8.8	精细整地：土壤改良	施加硫磺100～150kg/亩
		灭茬	灭茬率≥90%，灭茬深度8～10cm，碎茬长度<5cm
		旋耕	配套动力150HP，作业速度5km/h，作业幅宽3.9m，旋耕深度15.5cm，碎土率≥80%
		平地	土地平整度±2.5cm
		机械化施肥、施药、铺管、覆膜、播种、覆土一体化：施基肥	深度10cm，施肥速度1000kg/h（可调）。中等肥力土壤适宜施肥量为：深施有机肥，施用量2m³/亩；化肥：氮（N）2.5kg/亩（总氮量的20%）、磷（P_2O_5）5kg/亩、钾（K_2O）4kg/亩（磷钾肥全部作为基肥）
		施药	选择乙草胺45g（a.i.）/亩＋莠去津57g（a.i.）/亩＋2,4D丁酯14.4g（a.i.）/亩复配剂防治。有机质含量高的地块，需适当增加用药量
		铺管、覆膜	滴灌管（带）的铺设和覆膜同时进行，管铺放在大垄中间，毛面朝上，即流道向上
		播种	膜上播种；优质、高产、耐密型玉米品种，适宜的种植密度为5.5万～6.5万株/hm²；配套动力65HP，播深控制在3～5cm；一次作业行数为6行，作业速度5km/h，作业幅宽3.3～3.9m；玉米精播粒距合格指数≥85%、籽粒破碎率<0.5%、漏播指数≤5%、重播指数≤2%
		高效水肥灌溉制度：灌溉控制	依据玉米不同生育阶段、不同土壤计划湿润深度、土壤含水量确定补水量。当土壤相对含水量低于下限时，应及时补水，50%灌溉保证率下灌溉定额70m³/亩，灌水5次，可根据降水量实时调整
		滴灌管理	先用不含肥（药）的水注冲滴灌系统10min后开始滴施肥料，滴施完后再用清水冲洗滴灌系统20min以上
		肥料管理	分三次追肥，即拔节期（30%）滴施氮（N）4kg/亩、抽雄吐丝期（20%）滴施氮（N）2.5kg/亩、灌浆期（30%）滴施氮（N）4kg/亩，追肥结合灌水进行水肥一体化施用管理
		田间管理：去分蘖	玉米5～6叶期要及时去除分蘖，除分蘖时要注意避免损伤主茎
		深松蓄水	雨季来临前（6月中旬）垄沟深松（≥25cm），打破犁底层
		喷施化控剂	在玉米生育期间，及时喷施化控防倒制剂，喷药时要严格按照产品使用说明书要求喷施
		查田、清田	播种后要经常查看田间出苗情况，如发现地膜破损或垄台两侧土压不实的，要及时用土封盖，防止被风吹开。及时清除田间弱苗、病株、无效株及田间地头杂草。勤检查管道接头，防止漏水；检查滴灌管是否有鼠嗑，如有孔洞要及时修补
		病虫害防治	使用载药量为10kg的无人机以1亩/min的速度喷施叶面肥或杀虫剂，防治黏虫、玉米螟、大、小斑病
		残膜回收：回收率	配套动力54HP，作业速度5km/h，作业幅宽1.3m，残膜回收率80%